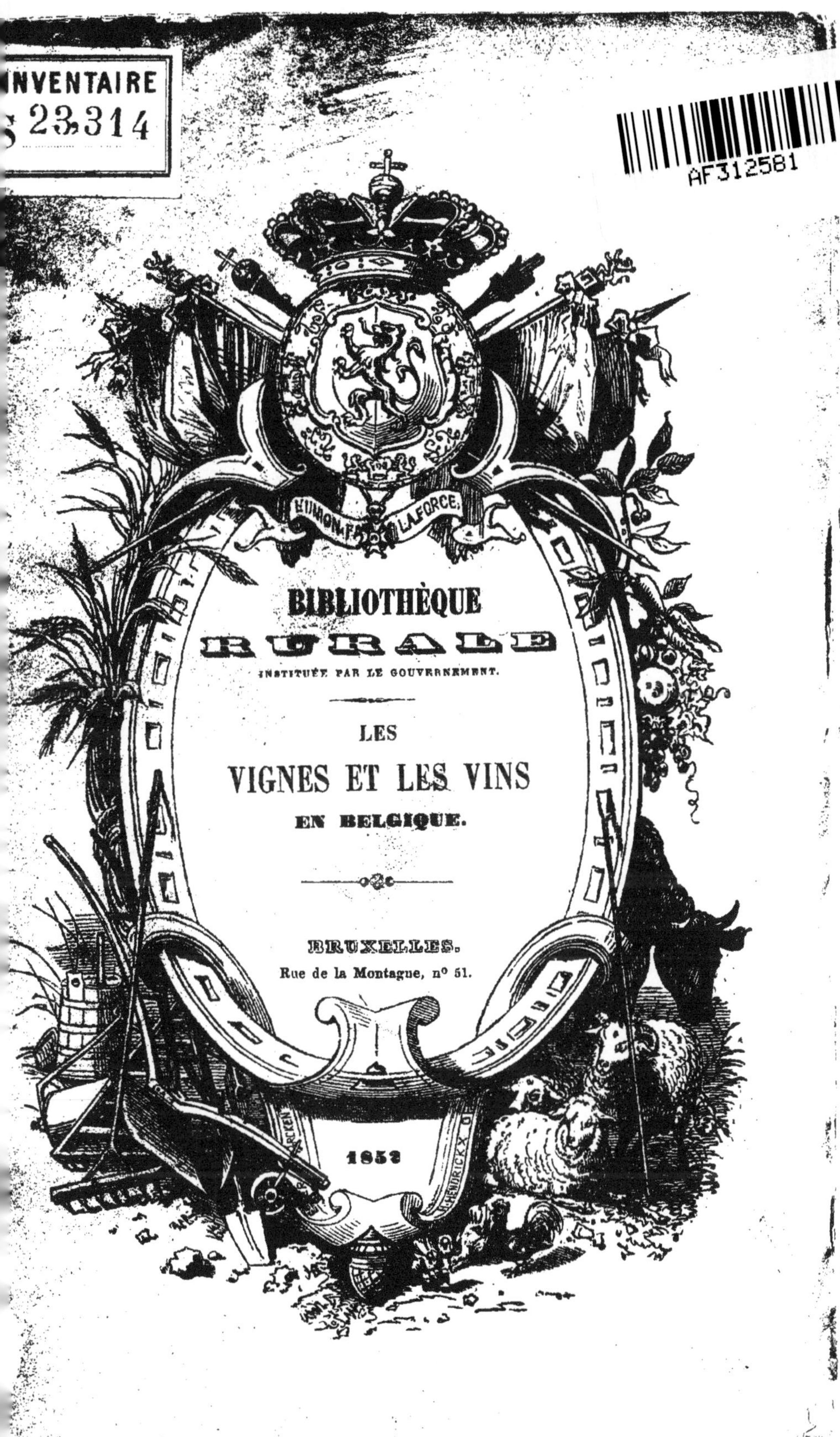

BIBLIOTHÈQUE RURALE

INSTITUÉE PAR LE GOUVERNEMENT.

LES
VIGNES ET LES VINS
EN BELGIQUE.

BRUXELLES.
Rue de la Montague, nº 51.

1852

2º SÉRIE, Nº 4.

BIBLIOTHÈQUE RURALE

INSTITUÉE

PAR LE GOUVERNEMENT.

CULTURE DE LA VIGNE

ET FABRICATION DES VINS EN BELGIQUE.

Imprimerie de G. Stapleaux.

CULTURE

DE LA VIGNE

ET FABRICATION

DES VINS

EN BELGIQUE.

⁂

BRUXELLES.

AU BUREAU DE LA BIBLIOTHÈQUE RURALE,

RUE DE LA MONTAGNE, N° 51.

—

1852

DE LA VIGNE EN BELGIQUE.

Le petit livre qu'on va lire a pour but d'encourager dans ce pays la culture de la vigne, partout où la terre et le soleil permettront à un cep de pousser, à une grappe de mûrir. Or, nous savons bien des coteaux regardant le midi et le levant qui ne donnent que de mauvaises herbes et pourraient cependant donner autre chose. C'est en grattant le sol au milieu des rochers, des cailloux et des broussailles que les vignerons de France ont créé de génération en génération leurs meilleurs vignobles et leurs meilleurs vins. Le Corton, le Montrachet et tant d'autres crus renommés sortent de là. C'est avec des coups de pic dans les roches, des hottes de terre portées à dos d'homme, de la patience, de la sueur et des petits soins infinis que l'on a commencé l'œuvre ; le soleil l'a achevée.

Nous n'avons pas, en Belgique, la prétention d'obtenir d'aussi beaux résultats ; loin de là ; mais il nous semble qu'il y a comme qualité, sinon comme quantité, quelques conquêtes à faire. La rive gauche de la Meuse et la Campine n'ont pas tout à fait dit leur dernier mot. Il y a là, de loin en loin, des coins de terre qui ne servent à rien, ne rendent rien, et qui, peut-être, donneraient des vins ordinaires et de petits vins. C'est ce que l'avenir nous dira.

Mais qui veut la vigne doit nécessairement vouloir le vigneron. C'est pour le former que nous allons essayer d'apprendre à tous à quels signes on reconnaît un bon sol à vigne, comment on doit planter, fumer, labourer, tailler, entretenir les ceps, faire la vendange, fabriquer les vins, les soigner quand ils se portent bien, les guérir quand ils se portent mal. Et toutes ces choses qui, jusqu'à ce jour, n'ont été dites qu'en de gros volumes, nous les dirons complètement et simplement dans un volume tout petit. On peut mettre en une pièce de vingt francs la valeur de quatre pièces de cent sous. C'est moins embarrassant, et ça fait plus de plaisir à l'œil. Or, m'est avis aussi qu'il vaut mieux dire une chose en deux mots qu'en deux pages. Ce n'est pas toujours facile, mais enfin c'est presque toujours possible. Or, ce qui n'est que difficile est à moitié résolu.

Avant de parler des procédés de culture, faisons d'abord connaître les vignes cultivées en Belgique; faisons de compagnie une promenade rapide de vignoble en vignoble; partons, si vous le voulez bien, du Luxembourg, où les treilles ne donnent pas toujours du raisin mûr; descendons de Neufchâteau vers Rochefort, et arrêtons-nous là quelques heures, sur la frontière de la province de Namur. Nous ne sommes plus dans l'Ardenne, nous sommes dans la Famenne. Nous étions tout à l'heure dans la région des neiges, nous voici sous une atmosphère plus douce; nous venons de quitter le schiste et le grès, nous rencontrons la pierre à chaux, c'est-à-dire le calcaire. La nature y est moins rebelle que dans l'Ardenne, les habitations annoncent déjà le bon pays, l'aisance, la production facile. Presque à chaque façade monte une treille vigoureuse, dont les rameaux verts courent entre les fenêtres et réjouissent l'œil. A ces rameaux pendent des grappes de raisin qui mûrissent de bonne heure, et ce raisin s'appelle en Belgique *le Saint-Laurent* et *le Saint-Jacques*. C'est ce qu'en France on nomme *le plant de juillet, la Madeleine noire;* c'est ce que tout le monde devrait nommer *le morillon noir hâtif,* puisque c'est là son véritable nom.

Au dire de la tradition, il y avait jadis des vignes en plein champ sur les coteaux de Rochefort. Je le crois; mais pourquoi remonter si loin le cours des temps? Il y a une vingtaine d'années et même moins, on en remarquait encore plusieurs hectares, et chacun se souvient du vin de 1834. Elles ont été défrichées depuis. On se plaignait du raisin qui ne mûrissait pas volontiers. Reste à savoir si le raisin n'avait pas à se plaindre du vigneron.

Poursuivons notre route jusqu'à Dinant. C'est ici que commence véritablement pour nous le vignoble belge. Le coteau qui borde la rive gauche de la Meuse était autrefois, dit-on, planté de ceps, qui partaient de la contrée connue sous le nom de Paradis et s'arrêtaient au village de Bouvignes, nom significatif assurément. Aujourd'hui cette culture n'existe plus. Le vignoble de Dinant est de l'autre côté de la Meuse, par delà les hautes roches nues et sauvages de la citadelle, à un kilomètre environ de la ville, et à gauche de la grande route qui mène à Ciney. Vous découvrez d'abord, de distance en distance, sur les hauteurs du coteau, des plantations de peu d'importance, des plantations de fantaisie, faites par quelques propriétaires riches ou aisés, qui se contentent d'une feuillette de vin. Mais à quelques cents pas plus loin, ce ne sont plus des morceaux détachés que vous apercevez, c'est le beau clos Saint-Jacques qui re-

garde le midi plein et un peu le levant. Il y a une
quarantaine d'années, on ne voyait là que des quar-
tiers de roches, des cailloux, des broussailles, des
ronces et des herbes inutiles. C'est **M.** Henri qui a
créé le clos et en a fait l'une des plus ravissantes
propriétés que je connaisse. Vous dire ce qu'il a fallu
de bras d'hommes, de journées de travail et d'argent
pour obtenir la métamorphose, cela m'est impossible.
Le fond n'existait pas. On a dû déblayer des pierres
à n'en plus finir, gratter la terre pour s'en approvisionner sur place, en amener de loin, la porter à la
hotte, former un fond qui n'a pas moins de six à sept
hectares d'étendue et élever des murs de soutenement
pour empêcher ces terres rapportées de descendre au
pied du coteau. Le sol du clos Saint-Jacques est mar-
neux, mais l'argile domine le calcaire. Quant au sous-
sol, c'est ou de la roche ou du cailloutage. Les plants
de vigne qui s'y trouvent viennent en grande partie
de la Champagne française, c'est-à-dire d'Aï, d'Ave-
nay, de Mareuille et de Pierry. Les treilles palissées
contre les murs de soutenement sont en grande partie
le morillon noir hâtif. On y rencontre seulement
quelques pieds de chasselas.

Les raisins récoltés dans le clos Saint-Jacques servent en général à fabriquer du vin mousseux fort
agréable, mais qui n'a pas tout à fait le montant du
champagne. Rarement on y fabrique du vin rouge ;
cependant quelques essais ont été faits, notamment
en 1834, et il résulte de ces essais que le vin rouge
du clos Saint-Jacques conserve jusqu'à un certain
point les caractères des vins rouges ordinaires de la
Champagne. Dans les bonnes années, comme en 1834,
on l'aurait acheté, après six mois de futaille, de 260
à 300 francs la pièce de 228 litres. Dans les années
ordinaires, ce vin rouge vaudrait environ la moitié

de ce prix. Dans les mauvaises années, on le payerait de 80 à 90 francs.

Presque toujours, pour ne pas dire toujours, les raisins de ce clos atteignent leur maturité complète. Malheureusement, une quinzaine avant la vendange, il règne dans le vallon des brouillards épais qui, parfois, déterminent la pourriture sur les grappes à moitié mûres.

A présent, nous pouvons quitter Dinant et descendre la Meuse jusqu'à Profondeville, charmant petit village, assis sur la rive gauche de la rivière. De là nous apercevons un coteau rapide, exposé au midi et au levant, et comprenant environ quinze hectares de terre propre à la culture de la vigne. C'est ce que M. Le Lièvre de Staumont appelle le coteau de Mariensberg. Cet honorable viticulteur a découpé son domaine au milieu des bois et l'a planté en vignes fines provenant du Johannisberg. Ici donc, on ne récolte que des raisins blancs. Le sol du coteau de Profondeville n'est plus argilo-calcaire comme celui du clos Saint-Jacques ; il est argilo-siliceux, et repose sur le grès feuilleté.

M. Le Lièvre de Staumont s'est dit : « J'ai affaire à un terrain qui ne diffère pas beaucoup de celui du Johannisberg, à une exposition des plus heureuses, à peu près sous la même latitude que le fameux vignoble du prince de Metternich ; il ne me reste plus qu'à faire venir du plant de Johannisberg, un vigneron de Johannisberg, et j'aurai nécessairement du vin de Johannisberg ou approchant, que je ne serai pas en peine de vendre à un fort bon prix, lorsqu'il aura quelques années de bouteille. » Et, en effet, le propriétaire du coteau de Mariensberg ne vend pas son vin blanc au-dessous de 8 francs la bouteille. Les connaisseurs que nous avons consultés s'accordent à

reconnaître que les qualités du vin blanc de Profondeville sont prisées beaucoup trop largement. C'est,
disent ceux-ci, du vin qui vaut 1 fr. 50 c. la bouteille ; on pourrait encore, disent ceux-là, le payer
5 francs comme étant une rareté du pays. Il se rap-
proche des vins légers du Rhin.

Mais sachez bien qu'à ce dernier prix, les producteurs de la Bourgogne et du Bordelais — je ne dis pas
les négociants — vous permettraient de choisir parmi
les meilleures futailles de leurs caves. C'est donc, en
somme, un fort beau résultat que celui obtenu en
Belgique par M. Le Lièvre de Staumont, et s'il y a
justice à ne point mettre ses produits en parallèle
avec ceux de M. de Metternich, il n'y a pas d'irré-
vérence à les faire descendre pour la valeur marchande
au niveau de certains vins du Rhin, des
Bâtard-Montrachet, des Meursault, des Pouilly et
des Châblis. On pourrait, ce me semble, être encore
orgueilleux à moins.

De Profondeville, rendons-nous à Huy, le centre de
la production viticole en Belgique. On se croirait en
France, au milieu des grands vignobles. En venant de
Namur à Huy, nous voyons d'abord le *coteau de Javaz*,
dont le sol et le sous-sol sont de nature schisteuse,
c'est-à-dire siliceuse et argileuse. Ce coteau exposé
au midi, boisé à son sommet, est planté en pineau
fin et en pineau ordinaire de Bourgogne. Année
moyenne, il produit environ quinze pièces (1) de vin
rouge, peu foncé en couleur, sec, franc de goût de
terroir, et dans toute sa bonté au bout de sept à huit
années. Les plants de raisins rouges l'emportent
considérablement par le nombre sur les plants de
raisins blancs.

____

(1) La pièce contient 2 hect. 28 litres.

Vient ensuite un petit cru de trois ou quatre hectares, sur sol et sous-sol schisteux, qui donne un des meilleurs vins de Huy ; c'est ce que l'on nomme la *Bonne-Vallée,* sur le coteau de Statte. Le plant de la Bonne-Vallée est, comme le précédent, originaire de la Bourgogne. Sa grappe rouge est belle, bien conformée et peu serrée. Le vieux plant de pineau fin occupe presque la généralité du sol ; aussi la maturité s'y fait-elle mieux que dans les crus où il se trouve du plant nouveau. Le sommet de la Bonne-Vallée n'est point boisé comme Javaz ; son vin non plus n'a pas la même durée que celui-ci.

Toujours sur le coteau de Statte, nous avons un cru qui porte le nom de *Plume-coq.* Ici, on trouve la marne calcaire endessus et le schiste endessous. Si la Bonne-Vallée lui est supérieure quant à la qualité du vin blanc, elle lui est inférieure quant à la qualité du vin rouge, qui a beaucoup d'analogie avec le bourgogne ; il est assez riche en alcool.

Un peu plus loin, nous avons *Erbonne,* qui comprend une dizaine d'hectares. La pente de ce coteau est moins rapide que celle des précédents. Comme partout, le schiste forme le sous-sol ; mais, par exception, une partie du sol d'Erbonne est très-ferrugineuse, ce qui devrait, d'après quelques savants, rendre les vins rouges plus foncés en couleur. Dans ce cas-ci, pourtant, le résultat ne confirme point la théorie.

Voici venir à présent, et à mesure que l'on parcourt le vignoble dans la direction de Liége. les *Beaux-Rosiers* d'abord, puis les *Charlets,* et enfin la *Côte des Malades.* Les Beaux-Rosiers sont en terre schisteuse et regardent le midi et le levant. Le vin rouge qu'ils produisent a de la réputation dans le pays. Nous pouvons en dire autant des Charlets. Quant au vin rouge de la Côte des Malades, il figure honorablement parmi les produits dont il vient d'être question, mais il n'est pas d'aussi longue durée. Il se trouble et se décompose plus vite que les autres.

Nous nous en tiendrons à ces désignations particulières. En dehors d'elles, nous ne voyons plus sur la côte qui s'étend de Huy vers Liége, en longeant la Meuse, que ce que l'on appelle, en termes de vigneron, les ordinaires et les petits vins. Ils occupent une étendue de terrain de plusieurs lieues de long. Tout sol impropre à la grande culture et exposé avantageusement a été remué aussi bien que possible et livré à la culture de la vigne; aussi, nous croyons que sur ce point de la Belgique il n'y a plus à compter sur l'extension de cette culture.

Maintenant, disons quelques mots du vignoble de Liége. Il comprend quatre coteaux : le *Heid*, la *Tschiff-d'or* ou *Côte-d'or*, le *Bordais* ou *Bordeaux*, et enfin le coteau de *Vivegnis*. Le sol et le sous-sol de ces différents coteaux est de nature schisteuse; vous n'y rencontrez point de calcaire. On y cultive indistinctement des plants venus de la Champagne et de la Bourgogne, la muscadelle blanche, le gros-noir qui a une forte grappe et de petits grains, le teinturier, le meunier et le plant gris, dont le raisin, d'un jaune grisâtre, donne un vin de la couleur du muscat.

Les vins du Heid et de la Tschiff-d'or sont de meilleure qualité que ceux du Bordais et de Vivegnis; mais ici comme partout, les vignerons abandonnent peu à peu la production du raisin blanc, pour s'occuper presque exclusivement de celle du raisin rouge. C'est un tort que nous nous bornons à constater, quant à présent. Nous y reviendrons plus d'une fois dans le cours de cet ouvrage.

Nous allons terminer notre rapide excursion dans

les régions viticoles de la Belgique, en faisant un bond du pays de Liége dans les vertes plaines de la Campine et du Brabant, où l'on s'efforce d'introduire et de propager la culture de la vigne. Ici nous ne voyons plus ni coteaux exposés aux ardeurs du soleil, ni roches de grès ou de schiste. Nous avons affaire à un terrain plat, quelquefois profond, en partie formé de sable siliceux coloré par de l'oxyde de fer, et d'un peu d'argile. Le calcaire lui fait défaut. Quoi qu'on fasse, on n'obtiendra jamais dans la Campine des vins comparables à ceux des coteaux de Dinant, Profondeville, Huy et Liége, mais on pourra sans beaucoup de peine réaliser des améliorations notables et tirer parti de terrains qui, pour le moment, rapportent peu et ne valent guère plus de 300 à 400 francs l'hectare.

Du reste, il ne s'agit point ici d'une culture hasardeuse, mais tout simplement de plantations nouvelles, car autrefois la vigne était cultivée avec soin dans ces contrées, ainsi que l'attestent plusieurs documents historiques, et, dans le nombre, le manuscrit de l'abbaye d'Averbode, dans le Brabant, sur la lisière de la province d'Anvers. Ainsi, il est établi qu'en 1258, l'abbaye fit l'acquisition d'un vignoble à Testelt; qu'en 1512, il y avait sept vignobles dans ce village, que la commanderie de Becquevoort y fit bâtir un pressoir en 1563, et que la culture de la vigne s'étendit si vite qu'en 1501, on comptait autour de l'abbaye 3,353 verges ou environ onze hectares en plein rapport. Ces vignes eurent beaucoup à souffrir en 1572, au moment des guerres de religion. Les religieux durent les abandonner et fuir. En 1604, quand ils revinrent prendre possession de l'abbaye, tout était ravagé, anéanti, constructions et vignobles. On rebâtit les unes, on replanta partie des autres.

On retrouve aussi quelque part, dans d'autres manuscrits, qu'en 1341, Louis Berthout vendit aux habitants de Keirbergen toutes les bruyères de la commune, à la condition qu'ils cultiveraient les collines en vignes.

On sait également qu'il existe des actes de vente par lesquels, en 1409, les seigneurs de Veterhem ont vendu les trois quarts d'un vignoble à Heverlé-lez-Malines.

Or, après ce que nous venons de dire, il est évident qu'autrefois la culture des vignes dans la Campine et le Brabant devait être assez fructueuse, puisqu'on la poursuivait avec une certaine opiniâtreté, et qu'elle allait toujours s'étendant. Ce ne fut qu'en 1661 qu'elle s'arrêta. Une note, écrite en marge du manuscrit, assure que ce fut par ordre du gouvernement, et par suite d'une clause secrète du traité des Pyrénées, conclu le 7 novembre 1659 entre l'Autriche, l'Espagne et la France.

En somme, la vigne en Belgique s'est beaucoup ressentie des influences de la politique. Ainsi l'on raconte encore que les ducs de Bourgogne, pour flatter les populations, encourageaient sa culture aux environs de Bruges et de Louvain. Louis XI venait ensuite et faisait arracher les ceps, au dire de la tradition.

Au moment de mettre sous presse, nous recevons communication d'une Notice historique sur la Culture de la Vigne en Belgique, notice due à la plume de M. A. G. B. Schayes. Il résulte des recherches de cet écrivain que l'on cultivait autrefois la vigne dans l'enceinte de la ville de Tournai et au village de Vaux ; que, dès le xiii° siècle, les coteaux des environs de Huy étaient déjà couverts de vignes, et que vers 1289 la vendange fut si précoce qu'à la Saint-Barthélemy on y buvait du vin nouveau. C'est Melart, l'historien de la ville de Huy qui rapporte ce fait. Disons en passant qu'il nous en coûte de l'accepter comme exact. La Saint-Barthélemy tombant le 24 août, il eût fallu vendanger le 16 ou le 18 de ce mois pour boire du vin nouveau à la date indiquée. Or, nous ne supposons pas que jamais il ait été possible de vendanger aussitôt sous le climat de la Belgique.

« On cultivait jadis la vigne dans les environs de « Bruxelles, de St.-Josse-ten-Noode, à Aerschot, à « Louvain, etc., dit M. Schayes ; mais le vignoble de « Louvain était le plus considérable et tellement cé- « lèbre aux xve et xvie siècles, qu'il était connu par « toute l'Europe. Toutes les collines qui entourent la « ville de Louvain, ainsi que celles de son enceinte « même, formaient un vaste vignoble ; la porte ac- « tuelle de Bruxelles en reçut même le nom de Porte- « aux-Vignes. Un passage de la Chronique de l'abbaye « de Villers, ayant rapport à un fait passé sous « Jean II, devenu abbé en 1515, est le plus ancien « document que j'aie pu trouver sur les vignes de « Louvain.

« Au xve siècle, les ducs de Bourgogne avaient à « Louvain un vignoble, dont le vin était servi sur « leur table avec celui du cru de Bruxelles, d'Aer- « schot, etc. Ce n'est pas pourtant que ces souverains « ne pussent se procurer d'autres vins, car Bruges « était alors l'entrepôt des vins de France, pour le « Nord, et les ducs possédaient en Bourgogne des « vignobles préférables à ceux de Louvain ; mais ceci « montre combien l'on estimait alors ces derniers. »

Ici, nous ne sommes point tout à fait de l'avis de M. Schayes. De ce qu'il est question des vins de Louvain et de Bruxelles dans un manuscrit contenant les dépenses faites à Bruxelles par la duchesse de Bourgogne en octobre, novembre et janvier 1430, il il ne suit pas nécessairement que la duchesse ou le

duc dussent en faire leur ordinaire. Rien ne prouve
que ce vin du pays n'était pas exclusivement réservé
aux serviteurs de la maison. Le cru de Louvain, au-
quel Charles-le-Téméraire semblait attacher de l'importance, portait le nom de *vin de Miracle*. Ce n'était
pas sans doute par sa saveur et son bouquet qu'il se
recommandait. On lui attribuait des vertus médici-
nales ; on en faisait l'aumône aux personnes atteintes
du flux de sang, de là sa réputation vraisemblablement.

Les vignobles qui existent aujourd'hui dans la Campine, le Limbourg et le Brabant, sont, à peu d'excep-
tions près, de date fort récente. Celui de Putte fut
planté en 1848, par MM. Rampelbergh et Opdebeck, et
compte à présent 5,500 plants. Celui des Jésuites de
Lierre date de la même année et forme aujourd'hui
un beau clos en plein rapport. Le vignoble des Trappistes de Westmalle, entre Anvers et Turnhout, se
composait d'abord d'une vingtaine d'ares environ,
mais il s'est accru par des plantations successives,
faites en 1846, 1848, 1850 et 1851, et s'étend aujour-
d'hui au delà de cinq hectares, tant dans l'enclos que
hors de l'enclos. L'abbaye de Tongerloo possède un
hectare de vignes dans son enclos, depuis 1850. Les
murs sont en outre tapissés de treilles à raisins
rouges et blancs. L'abbaye d'Averbode possède également un hectare de vignes, mais en dehors de l'enclos
muré, en sorte qu'il n'est point abrité comme celui
de Tongerloo. A Tremeloo, il existe un coteau planté
de vignes. Le couvent des Trappistes, à Achel, en
possède un demi-hectare environ. L'abbaye de Postel
a commencé ses plantations l'année dernière ; des
propriétaires, d'autre part, ont, depuis peu, entrepris
cette culture à Diest, à Montaigu, à Gheel, à Turnhout,
à Anvers, à Waelhem, à Berlaer, à Heyst-op-den-

Berg, etc. Dans le Limbourg, enfin, à Hechtel, on cultive la vigne depuis deux années.

Les cépages qui peuplent ces vignobles sont assez variés. Ce sont l'edelgraue (noble grise ou bureau), le pineau blanc et rouge, le beaunois blanc et rouge, le meslier, le chasselas blanc et le raisin de Saint-Jacques, qu'ailleurs, sur les bords de la Meuse, on appelle le Saint-Laurent.

En général, dans ces diverses localités, ce sont les cépages blancs qui dominent. A la Trappe de West-malle, les raisins rouges sont fort rares et n'y ont été introduits que depuis peu de temps.

Maintenant que nous avons parcouru à peu près toutes les localités où l'on cultive la vigne en Belgique, et que nous savons où prendre nos exemples et sur quoi faire porter nos observations, nous n'avons plus qu'à entrer en matière.

CHAPITRE PREMIER.

SOLS ET SOUS-SOLS.

Je commence par le commencement.

Vous voulez faire une vigne, cherchez d'abord le terrain, le sous-sol et l'exposition qui peuvent lui convenir.

En premier lieu, parlons des vignes fines. A tout seigneur, tout honneur. Ce qu'il faut aux vignes en général, à celles-ci comme aux autres, c'est un sol où le calcaire domine sur l'argile, c'est un sous-sol sec et divisé, qui laisse aller un peu les racines à leur fantaisie; c'est une exposition, enfin, qui regarde le soleil levant ou le midi, ou qui ait l'œil sur les deux à la fois.

S'il arrivait, et cela se voit, que le sol fût un peu plus argileux que calcaire, comme à Dinant, ou qu'il fût schisteux, comme à Huy ou à Liége, ou qu'il fût sablonneux, comme dans la Campine, il ne faudrait point le rebuter; vous y mettriez de la vigne à raisins blancs, qui ne se déplaît ni dans l'argile, ni dans le schiste, ni dans la silice, pourvu que les racines puissent passer et trouver leur vie dans les couches profondes. Mais laissez aux calcaires les raisins rouges qui ont besoin de couleur, et ne peuvent la trouver belle que là.

S'il arrivait que, dans votre sol calcaire, il y eût de la pierre à fusil ou en dessous du sable fin et comme qui dirait du grès pilé, ne le rebutez pas non plus, car ce peut être encore un sol à vin.

Je ne vous donne pas ces conseils en l'air, et la preuve, c'est qu'ils reposent sur les observations que voici :

Le pineau noir de Beaune occupe un sol calcaire mêlé d'un peu d'argile et tourné vers le levant.

Le volnay, le pomard, le corton, le nuits, la romanée, le musigny, le chambertin sortent de vignes cultivées dans des terrains plus ou moins calcaires et exposés au levant et au midi.

L'œillade, le cinq-saou et l'espar, qui fournissent les bons vins rouges de l'Hérault, croissent dans des terrains légers et caillouteux.

Le petit et le gros noirien du Jura sortent des mêmes terrains. Le breton ou véronais de l'Anjou se récolte aussi dans un sol calcaire, léger, exposé au sud-est.

Le franc pineau, le pineau grand-maille et le fauviau de l'Yonne, appartiennent aux marnes calcaires et regardent le midi et le levant.

Le franc noir de la Moselle, de la Meuse, de la Meurthe et des Ardennes, l'auxerrois vert et gris, le fromenteau de la Champagne et l'enfumé des Ardennes vivent aussi dans des terres légères et caillouteuses.

Les raisins fins de petite race rouge et les gris, cultivés par quelques grands propriétaires de la Meurthe, ne s'accommodent eux aussi que de l'exposition du midi et des terres calcaires très-légères.

Les grands vins de la Champagne sortent d'un sol et d'un sous-sol riche en calcaire.

Quant aux premiers cépages du Médoc, ils viennent dans un sous-sol sablonneux siliceux.

Si vous placiez ces fins cépages dans une terre à chanvre ou dans une terre forte, leur finesse s'en irait bien vite. C'est élevé trop doucement, ça craint l'eau et le froid ; ils ont les racines tendres et la constitution délicate ; un rien les indispose.

Les vignes fines se modifient, se transforment dans les grosses terres. La nourriture étant plus forte, les ceps jettent de longs sarments, des feuilles vigoureuses et larges, des grappes à foison, et des grains plus gros qu'il ne convient de les avoir. Ce n'est déjà plus du vin fin qui se trouve là dedans. C'est une contrefaçon qui ne trompe personne. On veut obtenir du même coup la qualité et la quantité ; mais des deux lièvres chassés à la fois, ce n'est pas le meilleur qui reste sur place.

Ne sortez donc pas les cépages délicats des terres légères. Quand vous voudrez des vins ordinaires, prenez des cépages robustes et de grand rapport, et, cette fois, plantez en bonne terre des champs. Cependant n'allez ni dans les marécages, ni dans les fortes argiles, car vous aboutiriez à la piquette, au vin à deux sous le litre ou à quelque chose d'approchant, moitié eau, moitié vinaigre.

N'oubliez pas qu'où l'eau tient, la vigne gèle vite au printemps ; choisissez, par conséquent, les sols élevés qui ont de la pente et sont faciles à assainir.

Où les racines de la luzerne ne sauraient passer, celles de la vigne ne passeront point non plus.

Où les poiriers ne vivront guère, la vigne ne fera pas non plus de vieux bois.

Où la culture du maïs s'arrête, doit s'arrêter aussi celle de la vigne. Quand l'un ne mûrit plus son épi, l'autre ne mûrit plus sa grappe.

Où la pomme de terre sera farineuse et de moyenne grosseur, la vigne ne se déplaira point. Où la pomme de terre sera âcre et volumineuse, il y a gros à parier que la vigne ne donnera pas de bon vin.

Enfin, vigne plantée en pleine argile ou en terre humide vous donnera beaucoup d'acide et peu de sucre, tandis que vigne plantée en terre calcaire et siliceuse vous donnera peu d'acide et beaucoup de sucre, et qui dit sucre dit alcool, puisque c'est l'un qui fait l'autre, et qui dit alcool dit conservation du vin.

CHAPITRE II.

SEMIS ET PLANTATION DE LA VIGNE.

Les graines des herbes et des arbres n'ont pas été mises au monde pour ne servir à rien. Ce que le bon Dieu a fait l'a été évidemment pour une raison ou pour une autre; je ne sors pas de là. Or, la graine a été faite pour être semée, pour germer en terre, pousser, grandir et devenir herbe ou arbre. Aussi, je ne comprends pas qu'on vienne nous dire : Ne semez point les pepins du raisin. Pourquoi cela? Seraient-ils dans le grain s'ils étaient inutiles? Auraient-ils un germe s'ils n'étaient pas destinés à reproduire la vigne? Ne méconnaissons donc pas les lois de la nature.

Le semis est bien certainement le moyen le plus naturel de reproduire les végétaux ; mais comme ici nous avons le choix entre les moyens, cherchons de quel côté se trouve l'avantage pour nous.

Sans aller par quatre chemins, je m'empresse de vous déclarer que le semis de la vigne ne ferait pas les affaires du vigneron. Avant qu'un pepin donne un cep, et le cep des grappes, il ne faut pas moins de huit ou dix ans. Je ne connais que M. Lelieur qui assure en avoir obtenu, au potager de Versailles, au bout de quatre ou cinq ans. C'est trop long pour des hommes qui vivent au jour le jour. Si encore, au bout des huit ou dix ans, on était sùr d'obtenir d'excellents cépages, il y en a qui attendraient, qui patienteraient;

2.

mais on n'est sûr de rien. Pour une centaine de plants, vous obtiendrez peut-être deux ou trois variétés de valeur ; quelquefois aussi, vous n'en obtiendrez aucune ; quelquefois enfin, vous sèmerez des pepins de raisin rouge et vous récolterez du raisin blanc. C'est ce qui est arrivé à M. Demermety, de Dijon, qui ne fut pas peu surpris de récolter des raisins blancs après avoir semé du chambertin rouge.

Rien n'est capricieux comme un semis de pepins. En voici une nouvelle preuve. Vous avez, je suppose, un cep de vigne provenant d'un pepin ; il a six ou sept années de végétation, et n'a rien produit encore. La tige principale porte deux petits rameaux ; vous couchez cette vigne en terre pour contrarier le mouvement de la sève, et ne laissez à découvert que les deux petits rameaux et l'extrémité de la tige mère. L'année d'après, les rameaux en question vous donnent des feuilles échancrées, sans raisin avec, tandis que le troisième cep, le plus éloigné de la souche, celui qui a été formé par l'extrémité de la tige, vous donne des raisins et des feuilles sans échancrures. Ces trois pousses sont cependant les enfants d'une même mère.

Ceci nous rappelle qu'un cultivateur sema un jour trois pepins provenant d'une poire. Il eut nécessairement trois poiriers, mais l'un fournit des fruits hâtifs, l'autre des fruits d'automne, le troisième des fruits d'hiver.

Règle générale : pour des milliers de pepins que vous semez et cultivez avec soin, vous obtenez tout au plus quelques variétés estimées. Il n'y a que des hommes riches et des amateurs qui puissent consacrer leur temps, leur argent et leur peine à la recherche de pareilles nouveautés. C'est une véritable loterie, un jeu de hasard qui procure de vives émotions, sans doute, mais qui vide lestement les petites bourses.

Cependant, il est bon qu'il se rencontre, de loin en loin, des hommes qui aient la passion de cette loterie, et en courent volontiers les hasards. Il sortira des semis de vignes comme des semis de poiriers, de pommiers ou de rosiers, des variétés que nous ne soupçonnons point et qui enrichiront nos collections. Malheureusement, dans ce cas, comme dans beaucoup d'autres, ceux qui découvrent profitent rarement. Le profit est d'ordinaire pour ceux qui exploitent la découverte. Il n'y a point de brevet d'invention pour le vigneron ou le cultivateur d'arbres qui trouve une variété nouvelle. Quand il a vendu le premier sarment de sa vigne, ou le premier rameau de son arbre, la propriété de la découverte ne lui appartient plus ; la greffe l'en dépouille et l'emporte de jardin en jardin, chez l'un, chez l'autre, de façon qu'elle ne tarde guère à devenir la propriété de tout le monde.

Les semis de vigne sont faciles, peu coûteux et d'une réussite presque toujours assurée. Vous prenez des pots à fleurs ou des caisses en bois ; vous y mettez de la terre légère, fertile, très-divisée, puis vous enfouissez faiblement vos graines de raisin et recouvrez le tout d'une mince couche de sable frais, extrèmement fin.

La jeune vigne est frileuse ; elle craint le froid. On doit, par conséquent, placer les semis dans une serre ou dans une chambre tiède pour favoriser la levée et ménager la délicatesse des pousses.

Une fois que la levée de semis en pépinière a eu lieu et que les jeunes plants ont leurs premières feuilles développées, on les enlève, on les transplante un à un dans des pots remplis de bonne terre à jardin, et quand la reprise est faite, on les habitue peu à peu aux influences de l'air, en les sortant de la serre ou de la chambre, dans la matinée, toutes les fois qu'il ne fait au dehors ni trop chaud ni trop frais. Puis, quand ces plants ont acquis de la consistance et sont jugés assez robustes, on les place en pleine terre, et l'on prend néanmoins des précautions pour qu'ils passent l'hiver sans danger.

Dans le midi de la France, au moment de la vendange, on choisit des raisins très-mûrs et de belle apparence, on les égrappe et l'on écrase les grains entre les plis d'un linge. Lorsque le jus est exprimé le mieux possible et qu'il ne reste plus que les pepins dans leur enveloppe, ou, comme nous disons, les grains dans la peau, on les sème ou plutôt on les plante. Au mois de février suivant, les pousses sont assez fortes pour être transplantées en pleine terre.

Mais lorsqu'au lieu de semer en automne, on veut attendre le printemps, on descend la graine dans la cave, on fait une couche de sable fin, une couche de ces graines dessus, une seconde couche de sable fin, une seconde couche de graines, et ainsi de suite. C'est ce qu'on appelle la *stratification* des graines.

Je vous en ai dit assez sur les semis. Si d'aucuns, parmi vous, veulent en essayer, c'est leur affaire et point ne m'en mêle. Ce moyen de reproduire la vigne, je vous le répète, ne convient point à de pauvres vignerons. Ils ne sèment pas, ils plantent; c'est plus commode, et il y a plus de profit au bout de la plantation qu'au bout du semis.

Le sarment prend racine presque aussi aisément que le saule et le peuplier. Quand donc on veut une vigne, on plante des boutures, c'est-à-dire des morceaux de sarment. Les unes sont simples et connues sous le nom de *chapons*, les autres sont appelées *crossettes*, et ont à leur talon un petit morceau de bois de l'année précédente. Ce sont les meilleures.

Pour choisir ses boutures, on n'attend pas que la vigne soit dépouillée de ses grappes et de ses feuilles. On recherche les ceps les mieux garnis et portant des raisins irréprochables. On marque ces ceps, et lorsque vient le moment de la taille, on met le sarment de côté.

Il ne faut point planter les boutures aussitôt coupées ; il est bon, au contraire, de les laisser dans un endroit frais pendant un mois ou six semaines, en ayant soin de les arroser légèrement tous les trois ou quatre jours, ou même de les placer pendant une quinzaine le pied dans la rivière ou dans un vase d'eau. Pendant ce temps, elles jeûnent, elles gagnent de l'appétit et ne se montrent pas très-délicates quand la plantation a lieu ; mais comme la taille a vieilli et noirci la plaie, il faut, avant de planter, la rafraîchir avec la serpette.

La plantation se fait en pépinière et à demeure. En pépinière, on couche les boutures dans les rigoles, et l'on attend, pour la transplantation, qu'elles aient des touffes de petites racines. Ces plants portent, selon les pays, les noms de *plants à barbe*, de *chevelus*, *chevelées* ou *chovelées*. Quand la plantation se fait à demeure, on commence ordinairement par creuser des fossés, comme pour la mise à demeure des pattes d'asperge, mais plus profonds. Sur le bord de gauche, on place la terre du dessus, la plus fertile, la meilleure. Sur le bord de droite, on place la terre de dessous, celle qui est vierge, qui n'a encore senti ni l'air ni le soleil. Une fois le fossé creusé, on jette au fond la terre de gauche, et l'on y plante les boutures à trente centimètres de profondeur, au moins, puis on ramène en dessus une partie de la terre vierge.

Pour les plants à chevelu, l'opération se pratique de la même manière. Ceux-ci produisent plus tôt que les boutures simples à demeure, mais il paraît qu'ils produisent moins longtemps.

Dans le midi de la France, à Saint-Gilles, par exemple, on ne creuse point de fossés pour la plantation de la vigne. On fait tout bonnement des labours profonds et croisés, dans une terre déjà ameublie par la culture. Après cela, on égalise le sol, en traînant dessus une longue et large planche, et quand le sol est égalisé, on tend un cordeau divisé en parties égales par des marques placées à 1 mètre 50 centimètres les unes des autres, et à chaque marque on enfonce le plantoir à une grande profondeur et l'on place le sarment dans le trou. C'est comme si l'on repiquait des choux ou des oignons.

Dans les terres légères et sèches, les plantations se font en novembre ; dans les terres fraîches, en mars et avril.

La distance à ménager entre les ceps de vigne varie selon les localités et le climat. A Dinant, on plante à 75 centimètres environ, mais au bout de trois ans, l'on provigne et la distance entre les ceps n'est plus que de 25 centimètres environ. A Huy, on plante les boutures en quinconce, en fossés ou au plantoir, et l'on maintient une distance de 65 à 70 centimètres entre les pieds de la vigne. Dans la Campine, la même distance est observée ; mais dans le pays de Liége, on plante à 1 mètre et, lors du provignage, cette distance est ramenée entre 25 et 50 centimètres.

Dans le midi de la France, on plante les vignes à 1 mètre 65 centimètres et 2 mètres de distance ; dans Maine-et-Loire, où les ceps ressemblent à des treilles, la distance observée entre les lignes est d'environ 3 mètres, que l'on consacre à la culture du maïs ; dans la Bourgogne, elle varie de 50 à 85 centimètres. C'est beaucoup trop serré. Aujourd'hui, on met environ cent quatre-vingts plants chevelus par are ou deux cent cinquante boutures, à cause des pertes sur lesquelles on doit compter dans ce dernier cas ; autrefois les ceps étaient moins nombreux. Les raisins n'en mûrissaient que mieux, et le vin n'en valait que mieux aussi, car l'air et le soleil y passaient librement.

On croit généralement, en Belgique comme en France, qu'en augmentant de beaucoup le nombre des ceps, on augmente de beaucoup aussi le rapport en vin. Je ne suis point de cet avis. Les fruits viennent mal à l'ombre, et vous remarquerez que les ceps les plus chargés de raisins et les plus hâtifs sont précisément ceux qui bordent les routes ou les champs.

Il serait à désirer que, dans les vignobles de la Belgique, on laissât de plus larges espaces entre les plants. Malheureusement, ceci n'est possible que dans les terrains qui ont de la profondeur, là où les ceps deviennent robustes et ne craignent pas les coups de soleil.

CHAPITRE III.

CÉPAGES.

Voici le moment venu de vous parler des différentes variétés de vignes, et de vous dire leurs vrais noms. Or, je défie les plus habiles et les plus savants, ceux qui connaissent la vigne comme les cinq doigts de leur main, de se tirer passablement d'affaire sur ce chapitre. Prenez-les, ceux-ci après ceux-là, l'un après l'autre; questionnez-les, et vous verrez qu'ils ne s'accorderont point sur les noms à donner aux cépages cultivés dans nos vignobles. Et comment pourraient-ils s'accorder? Tenez, voici un vigneron qui, pour mettre un cep à fruit, le tourmente, le couche tout de son long dans une rigole, ne laissant sortir de terre que l'extrémité du cep en question et les deux rameaux qui lui appartiennent. Le rameau le plus rapproché de la souche donne, je vous l'ai déjà dit, des feuilles très-échancrées; le second, qui est un peu plus éloigné, donne des feuilles moins échancrées; enfin, les feuilles qui se développent sur les pousses de l'extrémité ne présentent point d'échancrures. Supposons maintenant qu'un de ceux qui ont la prétention de tout connaître arrive et voie les trois jeunes plants. Que dira-t-il? Il dira que ce sont trois variétés bien distinctes, et leur donnera trois noms différents. Ceux qui sauront le dernier mot de la chose riront bien, mais ceux qui ne le sauront pas seront de l'avis du parrain, et accepteront les noms de baptème. Eh bien! il y a gros à parier que les trois quarts des variétés désignées par les connaisseurs ont une origine aussi peu sérieuse. Voilà pourquoi je ne me paye pas volontiers de la monnaie des savants.

Écoutez plutôt ce que je vais vous dire : vous avez un joli pommier de reinettes franches dans votre jardin, n'est-ce pas? Il est en rapport de cette année seulement. Les pommes sont belles ; elles sont bonnes aussi. Mettons que vous arrachiez ce petit arbre, que vous le transplantiez en mauvaise terre, que les fruits deviennent à rien pour la grosseur et pour la qualité, que les feuilles ne restent plus les mêmes, que l'écorce de l'arbre enfin change de ton, l'appelleriez-vous après cela un pommier de court-pendu?

Assurément non ; vous continueriez de l'appeler un pommier de reinettes franches , et vous n'auriez pas tort. Malheureusement ceux qui écrivent sur la vigne ou en parlent n'ont pas toujours autant de gros bon sens. Ils prennent en terre sèche un plant de franc pineau, et le transplantent en terre riche et fraîche. Le cep jette du bois ; les feuilles deviennent plus vertes qu'avant ; la grappe grossit, le grain grossit aussi, le vin qui en sort ne vaut plus ce qu'il valait. Eh bien ! vous vous imaginez sans doute que le plant de vigne ainsi modifié s'appellera toujours du franc pineau ? Pas du tout, on lui trouvera un autre nom, n'importe lequel, sous prétexte que c'est une variété.

Ils prennent ensuite du gros plant de gamay, l'enlèvent d'une terre argileuse, le placent dans une terre légère. Les feuilles ne poussent plus aussi vertes, les grappes sont moins abondantes, le grain du raisin n'est plus ni aussi gros ni aussi serré ; donc, pour eux, ce n'est plus du gamay, c'est encore et toujours une variété nouvelle.

En s'y prenant de la sorte, il n'est pas difficile d'en découvrir des milliers et d'embrouiller la science de façon à ne plus s'y reconnaître. A ce compte-là , je réussirais à découvrir cinq à six variétés de fleurs sur un même pied ; toutes les panachures seraient des variétés quand, en définitive, ce ne sont que des accidents.

J'ai de la graine de navet dans un sac ; j'en sème la moitié au printemps, je récolte en été et trouve mes navets durs et âcres ; je sème l'autre moitié en août, je récolte en novembre , et j'ai des navets tendres et sucrés. Voilà tout de suite deux variétés sorties du même sac.

Je n'en finirais pas , si je voulais établir par d'autres exemples l'absurdité des découvertes faites sur la

vigne, et vous prouver que si, dans les variétés connues, il y a beaucoup à prendre, il y a beaucoup plus
à laisser. On ne tient compte ni de l'influence du sol,
ni de l'influence des engrais, ni de l'influence du climat, ni enfin des bizarreries inexplicables de la nature.

Il est donc bien entendu que je ne vous entretiendrai ici que des variétés sérieuses et parfaitement
distinctes les unes des autres. Je commence par la
vigne sauvage, la mère sans doute de toutes celles qui
donnent du vin.

VIGNE SAUVAGE. — Elle pousse toute seule, celle-ci,
à la grâce de Dieu. Le vigneron ne la laboure point,
ne l'échalasse point, ne l'accole, ne la vendange ni
ne la taille. Elle sort de terre hardiment, et en liberté,
sans le secours de l'homme ; elle grimpe dans les
haies, dans les hautes broussailles, se couche dessus,
s'y étend de toute la longueur de ses rameaux, donne
des fleurs et de jolies petites grappes qui deviennent
noires en même temps que les feuilles passent au
rouge vif. Les enfants et les oiseaux font la vendange.
Vous rencontrez cette vigne sauvage, aux petites
grappes et aux feuilles fines et découpées, dans le
midi, le centre et l'est de la France.

MORILLON HATIF. — Avant que le raisin des vignes
noircisse, dans la première quinzaine d'août, il n'est
pas rare, en France, de voir pendre aux croix des
villages ou aux bras de la Vierge, dans les églises, un
ou deux sarments avec des raisins mûrs. Ils sont
beaux, ils sont appétissants, mais ils ne font que
payer de mine, et vous savez que l'habit ne fait pas
le moine. Une peau dure, qui craque sous la dent,
une chair presque insipide, de l'eau et peu de sucre
dedans, voilà ce raisin. Son principal mérite, c'est
d'arriver le premier, comme pour annoncer la venue
prochaine des autres.

On le nomme morillon hâtif. C'est le Saint-Laurent des bords de la Meuse, de Dinant, de Huy, de Liége, etc. ; c'est le Saint-Jacques de la Campine. D'autres l'appellent plant de juillet, pineau de juillet, raisin de la Madeleine et Madeleine noire. En Provence, on le cultive dans les vignes. Ici, nous ne le cultivons guère qu'en treilles, et nous faisons bien.

MORILLON NOIR OU PINEAU NOIR. — Le raisin que les vignerons du Jura appellent morillon noir, les vignerons de la Côte-d'Or pineau noir, nous l'appelons en Belgique l'ancien plant de Bourgogne. C'est celui qui formait autrefois la base des plantations de la côte de Huy. Le morillon noir est proche parent du morillon hâtif, mais c'est le cas de dire qu'il y a du choix dans les familles, du bon et du mauvais. Il y a aussi loin du plant de juillet au pineau que d'une bouteille de vin de Lierre à une bouteille de la Bonne-Vallée. C'est le pineau noir ou noirien qui donne les grands vins rouges ; c'est le terrain et le climat qui font les différences entre les crus. Il fournit de dix à cinquante hectolitres à l'hectare. Grappe de grosseur médiocre, grains plus petits que dans le plant de juillet et peu serrés, saveur agréable, écorce du sarment rougeâtre, feuilles légèrement divisées en cinq parties, voilà les principaux caractères de ce cépage.

Il porte dans les Ardennes françaises le nom de mousac noir. C'est le plant doré noir de la Champagne, l'auvernat noir de l'Orléanais et de la Touraine. Sans doute, il ne vaut point dans ces localités ce qu'il vaut dans la Côte-d'Or, mais ce n'est pas une raison pour le renier.

Le plant de Pernand, le pineau crepet, le mourot, le noireau, dans la Côte-d'Or, ne sont autre chose que du morillon noir, dont la qualité change avec la nature du sol et l'exposition.

Morillon gris. — C'est ce que l'on nomme en Allemagne l'edelgraue (ou noble grise) qui se trouve dans les vignobles de la province d'Anvers ; en Bourgogne, le bureau ; l'ornaison grise et la malvoisie grise, en Touraine ; le muscadet, dans Seine-et-Oise ; l'auxerrois, dans la Moselle ; le fromanté, dans l'Orléanais ; le fromenteau, dans la Champagne et la Franche-Comté ; le gris-cordelier, dans l'Allier ; l'aserat, dans la Meurthe ; et le tokai gris, sur les bords du Rhin. Ce cépage donne un raisin couleur feuille morte, délicieux à manger, et un vin rouge-paille, également délicieux.

Morillon blanc. — On appelle de ce nom le fameux cépage qui, dans la Côte-d'Or, fournit le vin de Montrachet et le chablis dans l'Yonne. On l'appelle aussi chardenet ; dans la Campine, c'est le beaunois blanc ; dans le pays de Liége, c'est le plant gris. C'est le mousac blanc des Ardennes, le plant doré blanc de la Champagne, l'auvernat blanc de l'Orléanais.

Le plant gris de Meursault, le giboulot ou giboudot blanc de Beaune, l'aligoté de Couchey ; le plant de Troyes, de Gevrey et de Dijon ; le purion, de l'Aube et du Jura, appartiennent évidemment à la variété morillon blanc.

Gamay noir. — Après les grands vins, les vins ordinaires et communs, et en tête les gamays noirs, qui tiennent une grande place dans la consommation. Le gamay noir est un cépage vigoureux qui, dans la Côte-d'Or, garnit les vignobles des arrière-côtes et de la plaine. Par ordre de mérite, nous avons le gamay rond, le gamay de Màlain, le gamay d'Arcenant qui, transportés dans la plaine, perdent de leurs qualités. Ces deux derniers se nomment liverdun et achain, dans la Meurthe ; grosse race, dans la Meuse ; lyonnaise, dans l'Allier ; plant de trois ceps, dans la Loire ;

gros noir, dans le pays de Liége; nouveau plant, dans la côte de Huy.

Les ducs de Bourgogne de la seconde race avaient le gamay en horreur, et en défendaient la plantation parmi les cépages en pineau. Ils qualifiaient le gamay de plant *déloyal* et *infâme*. C'était pousser l'excommunication un peu loin, car nous savons bon nombre de tables bourgeoises qui n'ont pas à leur ordinaire des vins comparables aux gamays des arrière-côtes bourguignonnes.

Gamay blanc. — C'est l'épinette de la Marne, le foirard blanc du Jura, le fouira de l'Ain, le gamiau de l'Isère. Son raisin est d'un blanc quelquefois doré et d'un grain rond. Il donne de quarante à soixante et dix hectolitres de vin par hectare, et se vend de 20 à 30 francs l'hectolitre.

Dans la Côte-d'Or, on confond souvent le gouais blanc avec le gamay. Le gouais blanc est ce cépage qui produit jusqu'à quatre-vingts hectolitres de mauvais vin par hectare, vin qui ne se conserve d'ordinaire que pendant deux ou trois ans.

Teinturier. — Le teinturier est un cépage qui se trouve dans la plupart des vignobles de la Belgique, mais en petite quantité. Il peuple certains vignobles de l'Orléanais et du Gâtinais. Il fournit un vin de teinture, c'est-à-dire foncé en couleur et employé par les marchands pour colorer ceux qui sont trop clairs. Il est plat d'ailleurs et de mauvaise qualité, quoique d'un bon rapport pour les vignerons qui le cultivent. Les grains du raisin sont ronds et d'inégale grosseur. Les feuilles sont échancrées et dentelées, et passent au rouge vif, avant la maturité des grappes, comme celles de la vigne sauvage.

Tinevache. — Voici encore une variété bien tranchée qui offre des produits d'assez bonne qualité, et que l'on connaît sous le nom de métie, dans l'Ain ; de pulsard et de pendouleau, dans le Jura ; de plant d'Arbois et de cougnelle, dans la Meuse, à cause de la ressemblance de forme qui existe entre le grain de ce raisin et la cugnelle ou fruit du cornouiller. On le cultive plus dans le Jura que dans la Côte-d'Or.

Côt. --- Le côt remplace dans l'ouest et le centre de la France les gamays noirs de la Bourgogne, du Bourbonnais et du Lyonnais. On connaît ce cépage sous vingt noms différents. C'est à ne pas s'y retrouver.

Piran. — Le piran est en quelque sorte le pineau du bas Languedoc.

Grosse et petite syrrha. — On appelle ainsi les cépages qui produisent le vin de l'Ermitage, dans le département de la Drôme.

Restent maintenant les cépages qui produisent les vins de liqueur, tels que, par exemple, l'espar ou mourvède de Provence ou mourastel de l'Hérault, l'œillade de Saint-Gilles ou ribeirène, le gallet, le malvoisie, le picardan de Marseilhan et de Pommerols, le muscat, le furmint, etc., et ceux que nous élevons en treilles. Je ne vous dirai rien des premiers qui sont nombreux dans le Midi ; je parlerai des seconds à propos de la production des raisins de table et de la conduite des treilles.

CHAPITRE IV.

ENGRAIS DE LA VIGNE.

On ne vit pas de rien ; pour qu'un homme se soutienne, il faut qu'il mange ; pour qu'une vigne se soutienne, il faut qu'elle mange aussi. Il ne reste donc plus qu'à s'entendre sur la nourriture à donner. Si la vigne pouvait parler, elle nous dirait ce qui lui convient ; mais comme elle ne parle pas, c'est à nous de choisir les choses à sa convenance et de chercher s'il n'y a pas des signes auxquels on reconnaît qu'elle est contente ou qu'elle ne l'est point. Or, le premier de ces signes, c'est la bonne mine, c'est l'air de santé qu'ont le bois et les feuilles ; le second, c'est quand les raisins conservent leurs qualités, bonnes chez ceuxci, mauvaises chez ceux-là. On ne peut pas vouloir que le gamay devienne du pineau, ni le pineau du gamay. Ils doivent rester l'un et l'autre dans leur nature.

Quand je m'aperçois, par exemple, que les fameux vins de Bourgogne, reconnus pour être les meilleurs vins de la chrétienté, au dire de Philippe-le-Hardi, ne sont plus ce qu'ils étaient, ne se conservent plus comme ils se conservaient, et se laissent détrôner par le bordeaux, je me dis qu'il y a des raisons là-dessous. Autrefois, les ceps n'étaient pas aussi serrés qu'à présent ; on les rajeunissait moins ; il y avait parmi les raisins noirs des raisins blancs qui donnaient plus d'alcool aux cuvées, et qui, aujourd'hui, n'existent plus ; enfin, on ne fumait pas les vignes comme nous les fumons. D'aucuns n'y mettaient que des marnes et de la cendre de sarment.

Ce qui me donne à penser cela, c'est une ordonnance du duc de Bourgogne, Philippe-le-Hardi, datée de janvier 1395. Ledit duc se plaint de ce que les grands personnages étrangers ne viennent plus, comme par le temps passé, s'approvisionner des excellents vins de Beaune, Pomard et Volnay, et apporter en échange de ces produits, soit de l'argent, soit des marchandises. D'après les renseignements qu'il a reçus, il attribue ce fait à deux causes. En premier lieu, il accuse les vignerons de tenir plus à la quantité qu'à la qualité, d'introduire des plants médiocres parmi les plants de choix, et de voler les étrangers en leur vendant du gamay frelaté pour du bon vin. Et là-dessus, il dit pis que pendre de ce pauvre gamay, qu'il accuse à tort de compromettre la santé des gens et de les empoisonner. Il ordonne donc aux vignerons d'arracher le mauvais plant dans un délai d'un mois, et les menace, s'ils n'obéissent, de l'amende et de le faire arracher à leurs frais. En second lieu, le duc Philippe se récrie fort et ferme contre les vignerons qui, pour forcer au produit, avaient l'habitude de mettre, dans leurs vignes de bon plant, du fumier de vaches, de brebis, de chevaux et d'autres bêtes, ainsi que de la corne, des *ráclures de lanternes* et du marc de raisin pourri, et entremêlé d'excréments et d'ordures. Ce n'est que peu de temps après ces fumures, dit-il, que les vins devinrent jaunets, gras et en tel état qu'aucune créature humaine ne pouvait ni n'osait en boire. Et là-dessus, Philippe de Bourgogne décrète que quiconque sera assez osé pour mener, faire mener, charroyer, porter ou mettre par quelle voie que ce soit des fumiers, ordures ou graisses dans les vignes, perdra ses voitures et ses bêtes qui seront confisquées. Il décrète en même temps que les propriétaires de vignes où l'on conduira ces fumiers seront condamnés à payer 60 sous d'amende par ouvrée (4 ares 28 centiares). Enfin, pour assurer l'exécution de l'ordonnance, il autorise le premier venu à empoigner les charretiers en contravention, et à les conduire chez les officiers de justice qui le récompenseront en lui accordant le quart de la prise, un cheval ou une voiture sur quatre.

Depuis lors, on s'est, de nouveau, plus attaché à la quantité qu'à la qualité, et il n'est pas rare de rencontrer des vignerons qui font grand cas des fumiers de vaches, de chevaux et de moutons, ainsi que de la corne. Quant aux ràclures de lanternes, l'usage en est perdu. Depuis lors, aussi, les vins tournent souvent à mal, et personne ne saurait répondre de leur durée, en tant, bien entendu, qu'il s'agit des vins délicats de Bourgogne. Ceux du Bordelais ne se privent point de fumiers non plus, mais ils sont robustes et en souffrent moins.

Au lieu de publier une ordonnance aussi sévère, je crois que le duc Philippe aurait mieux fait de s'y prendre autrement, de donner d'abord des conseils de douceur, de laisser le gamay à ceux qui n'avaient pas le moyen de boire des vins fins à leur ordinaire, de signaler comme voleurs ceux qui l'auraient vendu ensuite pour ce qu'il n'était pas, et comme suspects les vignerons qui auraient continué d'empoisonner le bon plant avec de mauvaises fumures. En définitive, un vigneron qui gâte son vin d'une manière ou d'une autre, qui se moque de la qualité pourvu qu'il ait la quantité et que les prix restent les mêmes, est tout aussi répréhensible que le boulanger qui vend à faux poids, que le marchand qui donne le coup de pouce à la balance, que le débitant qui fabrique du vin avec du bois de Campêche ou des baies de sureau, que le négociant qui fait de ses caves une pharmacie. Vous allez me répondre que ce n'est pas tout à fait cela, que les marchands savent qu'ils font mal, tandis que les trois quarts des vignerons croient bien faire. — Non, non, je ne suis point de cet avis. Ils savent que vigne trop provignée et trop fumée ne donne pas la meilleure cuvée ; et la preuve, la voici : j'ai connu dans un fin vignoble une personne fort riche, mais dépensant peu et ne voulant point, par raison d'économie, que l'on provignât souvent et que l'on fumât ses vignes. Eh bien ! ses vins étaient, par tout le monde, estimés supérieurs à ceux des autres, et payés plus cher par les négociants. Avec ces vins-là, il n'y avait pas de reproches à attendre de la clientèle. Et chacun disait dans le pays : « Si l'on recherche tant la cuvée de madame X***, c'est qu'elle ne rajeunit pas et ne fume pas. »

A ce régime-là, direz-vous, les ceps ne peuvent pas durer longtemps ; car, enfin, les feuilles mortes de la vigne ne rendent point au juste ce que la terre dépense pour faire et nourrir le raisin et le sarment. Et notez que les feuilles mortes ne restent pas toujours au pied du cep qui les a fournies. Un coup de vent les emporte, les chasse en haut, les ramène en bas, nettoie le sol ici, l'encombre plus loin. Une grande pluie les emporte aussi, lorsqu'il y a de la pente, les pousse dans les rigoles, les charrie pêle-mêle avec la terre des coteaux ; de façon que si l'on s'en rapportait uniquement aux feuilles pour la fumure de la vigne, il y aurait des places très-fumées, et d'autres qui ne le seraient pas du tout.

Dieu me garde de vous contredire ; je sais bien que les feuilles ne suffisent pas toujours dans les terrains cultivés, que c'est bon pour les friches ou les forêts, et qu'il faut, dans la plupart des cas, aider la nature, lui donner un coup de main. Mais vous reconnaîtrez avec moi qu'on n'aide pas la nature en prenant le contrepied de sa manière de faire, et en rendant mauvais ce qu'elle a créé bon. Voyons, en conscience, que peut-il y avoir de commun entre la nourriture qui convient à la vigne et la plupart des fumiers de bêtes? Est-ce que les chevaux et les moutons mangent du raisin, de la feuille de vigne et du sarment à leur ordinaire? Est-ce qu'ils ont quelque chose à rendre aux vignobles, ne leur ayant rien emprunté? Pas le moins du monde.

Qu'est-ce qu'une terre à vigne produit? Du bois, des feuilles et des grappes, n'est-ce pas? Donc ce qu'elle a dépensé est là dedans; donc aussi, si je rends à la terre à vigne une partie du bois, des feuilles et des grappes qu'elle a mis au monde, je m'acquitte envers elle de la façon la plus convenable.

Voilà pourquoi je me dis souvent : « Les engrais naturels pour la vigne sont les débris de la vigne elle-même, et aussi, bien entendu, les terres neuves, qui, n'ayant rien dépensé, sont toujours prêtes à faire des avances de nourriture. »

Ainsi, je commence par marner, si j'ai de la marne calcaire reposée depuis longtemps.

Si je n'ai pas de marne, je prends le marc de mes raisins, après l'avoir passé à l'alambic, pour en tirer l'eau-de-vie de pays.

Je prends aussi le sarment que m'a donné la taille, je le coupe en menus morceaux ou le fais hacher par une machine à broyer l'écorce dans les tanneries, et voilà de l'engrais.

Si mon sarment a été brûlé, j'en prends les cendres, voilà encore de l'engrais.

Si mes cendres ont passé dans la lessive, je ne perds point l'eau de ces lessives ; voilà toujours de l'engrais.

Ce n'est pas tout. J'ai des futailles vides. Dans l'intérieur, il y a de la crème de tartre rouge ou blanche, collée aux douves. Cette crème de tartre sort du raisin ; elle doit retourner à la vigne. En conséquence, je rince à la chaîne et à l'eau chaude, et garde les rinçures.

Mais comme il n'est point facile d'arroser les vignes et d'utiliser séparément les engrais dont je viens de parler, je les mêle en un seul tas de la façon que voici. Suivez bien ; c'est un mélange ou compost qui vaut son pesant de bon vin, et n'est pas connu de tout le monde.

Je prends de la terre calcaire, comme qui dirait des boues ramassées sur les grandes routes de la Famenne et resséchées le plus possible. A défaut de cette terre, j'en prends de l'autre qui ne soit pas argileuse ou ne le soit guère. J'en étends dans ma cour un lit de six pouces de haut, pas davantage. Sur ce lit de terre, je mets mes cendres lessivées, ce que l'on appelle de la *charrée*. Sur la charrée, je ramène un second lit de terre de six pouces toujours, ou approchant. Là-dessus, j'étends du sarment broyé ou haché, des feuilles de vigne et de mauvaises herbes. Après cela, je couvre la couche avec de la chaux, des cendres de four à chaux ou des cendres de charbon de terre. Puis revient une couche de terre, puis du marc de raisin divisé et éparpillé à la main, puis, sur ce marc, de la chaux ou des cendres de charbon de terre, et ainsi de suite, tant que l'on a sous la main de la terre, des cendres, de la chaux, du sarment et des herbes sans valeur.

Une fois ce tas élevé à une hauteur de 1 mètre environ, je monte dessus, et avec un bâton ou un manche à balai, j'y fais un grand nombre de trous de diverses profondeurs. Puis à mesure que je peux disposer d'eau de lessive, de rinçures de futailles, d'eau de récurage, d'eau de savon, de mauvaises lies de vin, j'arrose le mélange, et j'obtiens ainsi un engrais délicieux pour la vigne ; engrais que je bouleverse avec la bêche trois semaines avant de l'employer.

Il convient à toutes les vignes. Seulement quand on le destine à des terres schisteuses, siliceuses ou argileuses, on doit y mettre plus de chaux et de cendres de houille que si on le destinait à des terres calcaires.

Avec cet engrais, il n'y a rien à craindre pour la qualité du vin. Toutes les fois que vous fumerez les vignes fines, soit avec ce mélange, soit avec le marc seul, soit avec la cendre vive de sarment, soit même, comme dans plusieurs localités, avec du sainfoin retourné en vert, du sarment haché, de la bruyère, du buis, de la fougère, des roseaux, la qualité n'aura pas à souffrir. Avec le fumier ou la poudrette, c'est une autre affaire ; la vigne jette plus de bois, j'en conviens, mais le raisin mûrit plus difficilement, prend une saveur qui n'est pas naturelle, et le vin est sujet à des maladies de plusieurs sortes. Si c'est du bon vin rouge, il passe à l'amer ; si c'est du vin blanc, il graisse, il file, et devient glaireux.

En général, les vignerons belges préconisent le fumier de vaches très-pourri. Ils ont raison, jusqu'à un certain point ; il est préférable aux fumiers de cheval et de mouton, car il contient beaucoup de potasse, mais j'aime mieux les composts. Le clos Saint-Jacques, à Dinant, est fumé avec un mélange de fumier de vache et de terre. On ferait bien d'y ajouter des boues ramassées sur la route de Ciney et de la chaux.

A Huy, le fumier de vaches est fréquemment employé pour la plantation et le couchage. Cependant, grâce aux efforts intelligents de M. Demasis, de Statte, on commence à substituer les composts de terre, cendres de bois, cendres de houille et chaux à cet engrais d'étable. Mais à Huy, comme à Liége, on entretient surtout les vignes en recouvrant la terre de pierres de schiste qui se délitent à l'air, se mettent en pâte lentement, retiennent les terres, empêchent l'herbe de pousser, dispensent des labours pendant six ou sept ans, et réchauffent le sol à cause de leur couleur brunâtre. Le schiste remplace ici ce qu'ailleurs on nomme les terres rapportées, mais nous devons reconnaître que c'est d'une manière très-désavantageuse. C'est le schiste, vraisemblablement, qui communique aux vins rouges de Huy et de Liége un goût de terroir qui tient le milieu entre le goût de pierre à fusil et celui de cuir brûlé et qui, peut-être aussi, lui donne la propriété d'agir sur les nerfs et de provoquer des coliques légères chez les personnes qui n'ont pas l'habitude d'en boire. Ce qui me porte à hasarder cette supposition, c'est que le vin provenant des terrains non schisteux n'offre pas ces caractères ; c'est qu'aussi le vin des vignerons de Huy, qui n'ont pas de quoi dépenser 600 fr. pour couvrir en pierres de schiste un hectare de vignes, est plus délicat et a meilleur goût que le vin des vignes schistées. Ces vignerons peu aisés sont, il est vrai, obligés de labourer tous les ans ; ils récoltent moins, c'est encore vrai, mais ils récoltent meilleur. Or, en Belgique, c'est surtout la qualité qu'il faut chercher. Il y a tout à perdre à courir après la quantité. Que les vignerons y réfléchissent.

Dans la Campine, j'ai vu employer les cendres de bois et de houille, le fumier de vaches et les matières fécales. Ce dernier engrais ne peut que perdre le vin. On doit le repousser.

Quelquefois, lorsqu'un malade n'a plus la force de

supporter le mal et s'abandonne, le médecin lui communique une vigueur factice, lui fouette le sang avec un verre de bon vin et le rend capable d'efforts que l'on n'attendait plus. Eh bien, avec certains engrais, on peut aussi fouetter la séve d'un pied de vigne, lui donner la fièvre, lui arracher quelques efforts. En arrosant, par exemple, un cep deux ou trois fois par semaine avec de la lie de vin rouge, vers la mi-septembre, on force les grappes à mûrir ; mais c'est bon pour une année ; il ne faudrait pas user souvent de la recette, le cep n'y résisterait pas.

Maintenant que nous connaissons l'engrais qui convient le mieux à la vigne, nous devons nous demander à quelle époque on doit le mettre au pied des ceps.

Les racines de la vigne sont ordinairement longues, et il faut, par conséquent, que l'engrais se mette en route de bonne heure pour arriver juste au moment où leur appétit s'ouvre, c'est-à-dire quand la séve du printemps commence à courir. Le jus des feuilles pourries et du marc pourri, l'eau des pluies qui lave les cendres et emporte la potasse qui est dedans, ne descendent pas vite en terre. Des jours et des semaines ne leur suffisent point pour arriver à leur destination ; il faut de longs mois. Pour lors, fumez les vignes en automne. Si vous les fumiez au printemps, l'effet de la fumure ne se produirait que tard, et la vigne jetterait du bois en août, aux dépens des raisins. Le moment où les feuilles de la vigne pourrissent sur la terre est le moment de fumer les vignobles. C'est la nature qui l'indique, et la nature ne se trompe point. Les vieux vignerons qui ont l'œil à tout savent à quoi s'en tenir là-dessus.

CHAPITRE V.

LABOURAGE ET ECHALASSEMENT.

Pas de bonne vigne sans un bon labourage et pas de bon labourage quand les ceps sont trop serrés. Dans le Nord, on cultive la vigne avec des houes de toutes formes, larges, étroites, carrées, allongées, en forme de triangle ou à deux dents, selon les localités et les vieux usages. Dans le midi, on cultive avec le fourcat, qui est une charrue sans versoir, traînée par un seul cheval, ou avec une charrue ordinaire traînée par des bœufs. Ce dernier mode de culture est celui du Médoc.

J'aime mieux le travail à la houe que le travail au fourcat ou à la charrue. Il est plus lent, il exige plus de main-d'œuvre, il coûte davantage, c'est vrai ; mais en revanche, il est plus soigné, plus délicat, mieux fini et parfaitement approprié au morcellement des propriétés.

Dans le Nord comme dans le Midi, on donne habituellement quatre labours aux vignes dans l'année. C'est ce que l'on appelle aussi les quatre façons. Cependant, en Belgique, les vignobles, couverts de schiste, font exception à la règle, attendu qu'il n'est pas possible de labourer fructueusement au milieu de pierres plates qui masquent complétement le sol. D'aucuns seulement les remuent tous les deux ans avec la houe à deux dents ou kass, pour les désagréger et gratter un peu la terre en dessous. Mais dans les vignes où il n'y a point de schiste, les choses se passent différemment. Ainsi, à Dinant, par exemple, on bêche à la fin de février et en mars, on sarcle en mai ; une fois la fleur passée, on donne un nouveau labour à deux pouces, et enfin le quatrième labour avant la maturité des raisins, au commencement d'octobre.

En Bourgogne, la première façon se donne en mars, à trois pouces de profondeur environ ; la seconde se donne également à trois pouces après la pousse ; la troisième avant la vendange et la quatrième quand la récolte est enlevée. En Lorraine, la culture est à peu près la même. Au commencement d'avril, dans les environs de Verdun, on laboure avec le fourchet à trois dents, puis on sarcle dans la première ou dans la seconde quinzaine de mai, avant ou après l'ébourgeonnement. Un nouveau sarclage a lieu dans le courant de juillet, un troisième dans les premiers jours d'août, et un quatrième très-léger vers la fin du même mois.

Dans le Midi, voici comment s'exécute le travail : entre deux rangées de ceps, il y a un vide, un champ, un billon, une *ourdre*, comme disent les gens du pays, large de 1 mètre 50 centimètres. En hiver, on y amène la charrue, et l'on creuse à sept ou huit pouces une raie en long d'abord, puis en large, le plus près possible des rangées de ceps. Après cela, des journaliers viennent avec des houes et déchaussent le pied de chaque souche, formant autour une espèce d'entonnoir, comme font nos jardiniers fleuristes au pied de leurs fleurs. Outre que cette opération ameublit le sol, et débarrasse la vigne du chevelu qui pousse chaque année au collet, elle déniche les insectes qui se sont logés là avant l'hiver, les expose aux rigueurs de l'air et en détruit un grand nombre. Voilà pour le labour d'hiver.

4.

Au mois d'avril, on ramène la charrue dans le champ et l'on termine le labour qui n'a été que commencé en hiver. On retourne la terre qui n'a pas été retournée. D'aucunes fois, lorsqu'il y a beaucoup de mauvaises herbes qui échappent au fourcat et du chiendent, des hommes ou des femmes suivent le laboureur et les enlèvent.

Dans le courant de mai, on laboure de nouveau et à la même profondeur que la première fois, dans un sens d'abord, puis en travers. De la sorte, chaque labour étant croisé équivaut à deux labours ordinaires dans une seule direction.

Les vignerons qui ont du temps à eux et de l'aisance ne s'en tiennent pas là ; ils donnent deux labours de plus dans le sens de la diagonale du quinconce. C'est la perfection de la culture à la charrue.

Dans certains vignobles méridionaux de très-grand prix, on cultive encore à bras d'homme et l'on a raison.

Vous remarquerez, en passant, que dans les pays chauds, on laboure plus bas que dans ceux du Nord. Plus bas vous remuez la terre et plus souvent vous la remuez, mieux vaut la besogne dans les vignes et aussi dans nos sarclages des champs. La terre, ainsi ameublie, éponge l'humidité de l'air pendant les nuits d'été, et fait aux végétaux plus de bien qu'on ne le croit. Voulez-vous rafraîchir vos vignes quand le soleil brûle la peau des gens, donnez-leur une façon complète au lieu de ràcler seulement la terre avec une houe.

Si vous disiez cela aux anciens vignerons et même aux trois quarts des jeunes, ils secoueraient la tête, et ne vous croiraient point, ce qui prouve que les vieilles idées et le chiendent sont deux choses que l'on n'arrache pas de la tête et des champs du premier coup. Il faut y revenir et souvent ; dans ce monde on ne gagne rien à se rebuter.

Pour finir ce chapitre, je vais vous dire deux mots de l'échalassement, de ce que les Bourguignons appellent le paisselage des vignes, attendu qu'ils nomment *paisseaux* ce que nous nommons *échalas.*

La vigne a des vrilles à ses rameaux, ce qui indique qu'elle a besoin de s'accrocher à quelque chose, de se soutenir de loin en loin, pour grimper et se développer à son aise. Mais comme, dans la plupart des localités où on la cultive, les vignerons ne la laissent pas pousser à sa fantaisie, ses vrilles ne lui servent pas à grand'chose. Ce n'est donc point pour lui permettre de grimper qu'on lui donne des tuteurs ou échalas ; c'est pour la soutenir, en l'y attachant avec des liens.

On n'échalasse point les vignes partout. Tantôt on les laisse à peu près libres, tantôt on lie ensemble les sarments d'un cep par le haut, tantôt les sarments de deux ou trois ou quatre ceps ensemble, afin d'offrir plus de résistance aux coups de vent. Ailleurs, on palisse avec des lattes ou des gaules et des pieux ; autre part, encore, mais rarement, on palisse avec du fil de fer galvanisé ou goudronné ; dans la basse Bourgogne, on met aux ceps des tuteurs ou échalas auxquels on les accole avec de la paille de seigle ou des brins de chanvre avortés. Dans la vallée du Rhône, enfin, on forme la pyramide, en réunissant par le sommet les sarments de trois ceps et leurs trois échalas. En Belgique, les vignerons échalassent selon la méthode bourguignonne, avec des échalas en chêne sur les bords de la Meuse et avec de jeunes pins dans la Campine. Ces échalas de bois résineux sont excellents sans doute, mais ils sont trop gros, à notre avis, et jettent beaucoup trop d'ombre sur les ceps. A propos

de ces échalas, je me permettrai de donner aux vignerons le conseil de ne point les laisser piqués en terre
des années durant, de les arracher au contraire tous
les ans, après vendange, comme cela se pratique dans
les autres vignobles de la Belgique. Avec des échalas
debout en toute saison, il est impossible de bien cultiver le pied des ceps.

De tous les modes d'échalassement, l'un des plus
coûteux, des plus incommodes et des plus désagréa-
bles à l'œil, est, à mon avis, le paisselage. Les échalas
nécessitent des avances trop considérables pour les
petites bourses; les échalas de médiocre qualité durent
trop peu; l'acacia et le sureau, qui en fourniraient
d'excellents, sont trop rares. Ces échalas ont, de plus,
l'inconvénient de gêner la circulation des travailleurs
dans les vignes et de rendre les labours difficiles.
J'aimerais mieux l'échalassement sous forme de palissage, comme dans le Médoc ou dans l'Yonne, mais il
gêne au moment des labours et il faut que les rangées
de ceps soient en ligne droite, et dans la côte de Huy,
par exemple, la ligne droite est détruite par le provignage. On s'est demandé au congrès de Dijon, en 1845,
s'il n'y aurait pas avantage à remplacer les échalas de
bois par le palissage en fil de fer. La question n'a pas
été résolue; cependant nous ferons remarquer qu'on
lui trouve des avantages sur les échalas, dans la Moselle, et qu'on l'adopte sur beaucoup de points. Creu-
sez-vous la tête; celui qui trouvera le moyen de sortir le vigneron des mains du marchand de bois, sans
que les vignes en souffrent, lui rendra un des plus
grands services qu'on puisse rendre à un homme.

Mais d'abord, essayons en Belgique du palissage
des vignes en ligne droite, avec de tous petits échalas
de distance en distance, et de longues perches en
travers. C'est un excellent moyen pour faciliter la cir-

culation de l'air et de la lumière, et aussi pour tenir les grappes de raisin rapprochées du sol. C'est un essai facile à faire dans des plantations nouvelles, et qui, nous le croyons, aurait d'excellents résultats. Avec ce mode de treillage appliqué aux vignes en pleine terre, on se délivre de cette forêt d'échalas qui jettent trop d'ombre sur les ceps, et l'on accélère la maturation du raisin. Rien de plus aisé que cette opération. Vous avez une ligne droite de ceps. Sur cette ligne, entre les ceps, vous piquez de petits échalas de 0^m,70 à 0^m,80 de hauteur et les éloignez l'un de l'autre de 1^m,30 environ. Puis, avec de l'osier, vous liez des perchettes en travers de ces échalas et sur deux rangs, le premier rang à 15 ou 20 centimètres du sol, le second rang à 15 ou 20 centimètres au-dessus du premier. Vous couchez vos sarments chargés de raisins sur ces perchettes, et vous dispensez de faire des traînards.

CHAPITRE VI.

RAJEUNISSEMENT DE LA VIGNE PAR LE PROVIGNAGE ET LA GREFFE.

Si jusqu'à présent on n'a pas trouvé le secret de rajeunir les vieilles gens, on a, du moins, trouvé celui de rajeunir les vieilles vignes. Parlons-en.

Il n'y a pas trois moyens de rajeunir un cep qui se fait vieux et ne donne plus rien qui vaille; il n'y en a que deux :

Premièrement, coucher le cep dans une fosse, l'enterrer de tout son long, ne laisser sortir du sol que le bout de deux rameaux, et tailler au-dessus du deuxième ou troisième œil, en s'arrangeant de façon que le premier, celui du bas, soit recouvert de terre très-faiblement. Voilà le provignage, tel qu'on le pratique dans un grand nombre de vignobles.

Secondement, scier une partie de la souche et substituer une pousse vigoureuse à une pousse usée. Voilà la greffe.

On ne provigne pas partout. Ainsi, en s'éloignant de la Bourgogne pour descendre vers le midi de la France, les vignerons laissent donner à leurs vignes tout ce qu'elles peuvent donner, puis les arrachent complétement, cultivent à la place pendant cinq ou six années des fourrages artificiels et replantent ensuite au moyen de boutures ou chapons. Dans la Côte-d'Or, dans la Meuse et ailleurs, on ne procède pas de la même manière ; on renouvelle au fur et à mesure des besoins. Voici un vide, une clairière, je suppose, ou un plant affaibli ; on provigne pour garnir le vide et remplacer le plant. Cette opération se pratique en mars, par un temps sec, et la même année, le bois des provins donne une récolte très-abondante et, par conséquent, de qualité médiocre. L'abus des provins n'a pas peu contribué à discréditer les grands vins de la Bourgogne ; mais comme le profit le plus clair du vigneron est dans le provignage, il n'est pas facile au propriétaire de réprimer cet abus.

En Belgique, on provigne vers la fin de mars et en avril. Sur le coteau de Huy, par exemple, vous laissez se développer une jeune plantation pendant quatre ou cinq ans, vous laissez, comme on dit, *courir le bois*. Et quand il a ainsi couru, vous creusez une fossette de 50 à 55 centimètres de profondeur, lorsque la terre est bonne ; vous y couchez un seul bois avec beaucoup de fumier entre deux terres ; vous taillez l'extrémité du sarment qui sort de la fossette sur deux yeux, laissant autant que possible le premier œil en terre et formant l'entonnoir autour. Les deux yeux se développent, donnent deux sarments, et, l'année d'après, quand toute la vigne a été ainsi provignée, vous couvrez le sol de schiste. Il y a cette différence importante entre la culture belge et la culture bourguignonne, c'est qu'en Bourgogne on ne provigne que lentement, peu à peu, de loin en loin, tandis qu'en Belgique, on provigne en même temps tous les ceps d'une vigne. Dans les environs de Liége, on provigne comme à Huy ; mais après le provignage, la distance entre les ceps, sur la commune de Tilleur, par exemple, varie entre 25 et 50 centimètres, tandis qu'à Huy, elle est ordinairement de 75 centimètres, ce qui, à notre avis, est bien préférable.

Un mot à présent sur la greffe de la vigne. Elle sert à deux fins ; elle rajeunit et puis elle permet de remplacer des plants qui ne conviennent pas par des plants qui conviennent. On ne greffe point aussi vite que l'on plante, je le sais, mais en revanche, vigne greffée rapporte plus tôt que vigne plantée. Or, c'est à y regarder de près quand on n'a pas le temps d'attendre. Les greffes faites à Huy n'ont pas réussi ; c'est sans doute parce qu'elles l'ont été trop tardivement. On doit, pour procéder à cette opération, saisir le moment où la séve ne circule point, où le bois dort d'un profond sommeil.

On connaît plusieurs manières de greffer la vigne. Nous avons la greffe en fente, la greffe en bouture, la greffe en approche, la greffe en navette, la greffe anglaise et la greffe herbacée. Il y a de quoi choisir. Ces greffes sont toutes bonnes ; cependant les meilleures, à mon avis, sont les deux premières, attendu qu'elles sont plus faciles à exécuter que les autres, et que l'économie de temps doit compter pour quelque chose chez des gens qui n'en ont guère à perdre.

Parlons donc d'abord de la greffe en fente : vous commencez par couper vos greffes un mois ou six semaines à l'avance, et les mettez le pied en terre pour les tenir fraîches comme pour les greffes de poiriers et de pommiers. Cette précaution prise, vous déchaussez votre cep de vigne au moment de greffer. Une fois le cep déchaussé, vous coupez horizontalement la souche avec une scie, un peu au-dessous du niveau du sol, et rafraîchissez la plaie avec une serpette. Vous fendez ensuite la souche avec un instrument bien tranchant, et tandis que la fente est ouverte, vous prenez deux greffes taillées d'avance en lame de couteau et les introduisez, chacune d'un côté, en ayant soin de les rentrer un peu dans l'intérieur de la souche. Vous prenez ensuite de l'onguent de Saint-Fiacre, c'est-à-dire de la bouse de vache broyée avec de la terre glaise, et vous recouvrez la plaie. D'aucuns la recouvrent tout bonnement avec de la terre, mais l'onguent de Saint-Fiacre est préférable. Si vous trouvez que les greffes ne sont point assez solidement retenues dans la fente de la souche, rien ne vous empêche de les serrer avec un rameau d'osier.

Vous ne laissez que deux bourres à chaque greffe, l'une recouverte par la terre que vous ramenez sur la souche, l'autre hors de terre. Elles poussent aussi bien l'une que l'autre. Cette greffe est longue à se développer, mais une fois partie, elle croît rapidement, et donne quelquefois du fruit la première année, mais du fruit qui ne mûrit point comme il faut. C'est partie remise pour l'année d'après.

Par ce même procédé, on peut greffer des treilles, n'importe à quelle hauteur. On recouvre la plaie avec de l'onguent de saint Fiacre et un linge; puis, une fois la greffe soudée, on enlève la poupée que l'on remplace avec de la cire à greffer. Plus tôt, cette cire ne tiendrait pas, à cause de l'abondance de séve qui coule d'une vigne amputée.

La greffe en bouture ne diffère presque pas de celle dont je viens de vous entretenir. Au lieu de la tailler à l'extrémité, vous la taillez un peu plus haut, de façon qu'il reste au-dessous de la taille deux yeux qui prennent racine dans la terre et aident à nourrir la greffe. Comme la précédente, cette greffe s'applique très-bien aux treilles, mais il faut avoir soin de faire plonger dans l'eau les deux yeux qui se trouvent au-dessous de l'insertion.

Je ne vous entretiendrai point des autres manières de greffer; elles ne conviennent réellement qu'à des amateurs très-exercés et qui ont du plaisir à vaincre la difficulté dans les opérations délicates. Sous le climat de la Belgique, c'est du 15 février au 15 mars que l'on doit greffer.

CHAPITRE VII.

TAILLE DE LA VIGNE ET ENTRETIEN DES CEPS.

Parlons à présent de la taille. La taille pour la vigne, c'est la grosse affaire. Sans elle, pas de bon raisin ni de bon vin; pas de produits, des grappes de rien, qui ne valent pas la cueillette.

C'est en faisant du mal aux branches, en les opérant, en les tourmentant de toutes les façons, en les empêchant d'aller où elles veulent, qu'on obtient de beaux fruits!

C'est pour les arbres comme pour les bêtes et les gens, ni plus ni moins, après tout. Bêtes qui jettent en graisse et courent les champs ne jettent pas en petits comme celles qui ont jeûné à l'étable ou à l'écurie. Arbres qui jettent trop en branches et en feuilles ne jettent guère en fruits. Qui donne d'un côté ne peut pas donner de l'autre. Les hommes qui ont leurs aises, qui ne manquent de rien, qui ne sont pas tourmentés, n'ont guère d'enfants, tandis que ceux qui sont dans la peine, dans le chagrin, qui ne mangent pas toujours à leur appétit, en ont de quoi remplir des charrettes. Gens qui vivent trop bien ne se reproduisent guère ; arbres qui vivent trop bien ne donnent presque pas de fruits; fleurs qui vivent trop bien ne donnent guère de graines ou deviennent doubles et n'en donnent plus du tout. Donc, si vous voulez de la belle graine et de beaux fruits, ne laissez pas aller vos plantes et vos arbres en toute liberté. S'ils jettent trop de tiges ou trop de bois, gênez-les, tourmentez-les d'une manière quelconque. C'est pour cela que nous voyons des cultivateurs faucher au printemps des céréales fougueuses en herbe ou passer le rouleau dessus, que nous les voyons pincer leur maïs, leurs pois, etc., pour avoir de meilleurs épis et de meilleures graines. Tout le talent du cultivateur consiste à s'arranger de façon qu'il y ait équilibre dans la production des tiges et du bois et celle des fruits. Superflu d'un côté, souffrance de l'autre ; superflu en branches, pénurie en graines ou en fruits ; superflu en graines ou en fruits, misère en branches et en feuilles. La plante et l'arbre meurent vite d'épuisement.

A présent vous devez tous comprendre l'utilité et

la nécessité de la taille de la vigne. Pour lors, j'arrive au détail de l'opération :

Sous le climat de la Belgique, de Paris, de la Bourgogne, de la Touraine, de l'Anjou, de la Lorraine, etc., il est d'usage de tailler la vigne en février et en mars, quand les fortes gelées ne sont plus guère à craindre. Dans le midi de la France, c'est une autre affaire ; on taille avant l'hiver. En somme, l'important, c'est d'éviter l'influence des grandes gelées sur la taille et de tailler le plus longtemps possible avant la montée de la séve, car la vigne qui pleure beaucoup, selon l'expression des vignerons, laisserait couler trop de séve par ses plaies. Donnez-leur un peu le temps de se refermer.

J'ai encore une observation utile à vous faire, c'est que l'on doit commencer la taille par les variétés les plus précoces et les plus faibles en bois, et qu'on doit la finir par les variétés les plus tardives et les plus vigoureuses.

Pour bien comprendre la taille, il faut commencer par étudier le cep dans tous ses détails, comme pour bien comprendre la chirurgie, il faut commencer par étudier le corps humain dans tous ses détails aussi.

Qui dit le corps d'une bête, dit les pattes, la queue, la tête, etc. ; qui dit cep de vigne, dit toutes sortes de choses aussi. C'est d'abord la *souche*, que vous connaissez tous ; ce sont ensuite les *coursons*, qui tiennent à la souche et sur lesquels on taille tous les ans ; puis la *talle* ou *taquet* ou *broche*, qui part des coursons ; et enfin les *bourgeons*, qui partent de la talle et que l'on appelle *sarments* après vendange, c'est-à-dire quand le bois est formé.

A la suite d'hivers très-rigoureux, quand la gelée a détruit dans leur bourre les bourgeons principaux, la taille de la vigne présente de sérieuses difficultés ;

mais dans les conditions ordinaires, il n'en est pas ainsi. Autrefois, l'on s'imaginait qu'il fallait une habileté extraordinaire pour tailler la vigne, et les bons vignerons étaient des raretés; aujourd'hui tout le monde taille dans ce pays. Taille-t-on dans les règles? C'est une autre question. Pour notre part, voici les conseils que nous donnons en pareille matière.

Vous commencez par dégarnir autant que possible l'intérieur, le dedans du cep, et à vous arranger de manière que les coursons ne se trouvent point vers le milieu de ce cep. Ils doivent être placés en équerre sur les côtés.

N'oubliez pas, en pratiquant l'opération, que l'écorce de la vigne est très-mince et que ses plaies ne se cicatrisent pas avec la même facilité que celles des autres arbres. On a vu des plaies mettre une vingtaine d'années à se fermer. C'est pourquoi vous ne devez jamais tailler trop près de l'œil. Vous laisserez toujours au-dessus de cet œil un onglet ou chicot d'un ou deux centimètres, que vous retrancherez l'année suivante.

Dans la taille de la vigne, vous devez rapprocher le plus possible de la souche. Si, par exemple, vous avez deux bourgeons ou plutôt deux sarments sur la taille de l'année précédente, vous enlevez la crossette avec un morceau du courson (qui dit crossette dit le sarment placé à l'extrémité du courson, et, par conséquent, le plus éloigné de la souche). Cependant, si cette crossette était plus forte, plus vigoureuse que le second sarment placé à la base du courson, c'est-à-dire le plus rapproché de la souche, il faudrait enlever ce dernier, réserver la crossette et tailler dessus.

La taille doit être faite en biseau et toujours de façon que la séve qui tombera ne puisse toucher une bourre ou un œil; autrement elle pourrait le cautéri-

ser, le brûler, car elle renferme beaucoup de potasse :
ou bien, si elle ne le cautérisait point, elle le mouil-
lerait, l'humecterait, et une gelée survenant, la bourre
humide serait perdue. Avec la taille opposée à l'œil
ou à la bourre, ce qui est la même chose, de pareils
inconvénients ne sont pas à craindre. Cette précaution est d'autant plus importante que le climat sous
lequel pousse la vigne est plus rigoureux. C'est pour
cela que je la recommande tout particulièrement aux
vignerons de Belgique, qui ne sont pas aussi favorisés
que les vignerons de France, quant à la température.

Quand vous aurez affaire à une vigne âgée ou à une
vigne fine, taillez-la au-dessus du deuxième œil, y
compris celui du talon et sur une seule tige. Si, au
contraire, la vigne est très-vigoureuse, en terre profonde, et sous un climat où le raisin mûrit facilement, vous pouvez tailler au-dessus du troisième œil
et sur plusieurs tiges. Dans ce cas aussi, c'est-à-dire
toujours avec une vigne vigoureuse et sous un soleil
chaud, il est d'usage de laisser de longs bois, soit pour
augmenter la production du raisin, soit pour établir
des provignures ou marcottes ; mais du moment où
l'on opère ainsi, il faut ménager la taille sur la souche, de peur d'épuiser trop le cep. Le long bois est
pris ordinairement sur la souche ou à la base du
courson ; cela vaut mieux que de le faire partir de
l'extrémité du courson.

Mettons que vous ne vouliez pas marcotter, c'est-à-
dire provigner, que vous vouliez tout simplement
conserver le long bois pour avoir du fruit, inclinez-le,
mettez-le dans une position horizontale avant que la
séve ne monte, et pour qu'il se tienne dans cette position, fixez-le au moyen d'une ligature au pied d'un
cep voisin ou à l'échalas de ce cep. C'est ce que les
vignerons belges appellent un *traînard,* parce que ce

long bois, taillé à cinq ou six yeux, se traîne presque à terre. Sous chaque long bois ainsi disposé, on place une longue pierre de schiste, qui, en été, s'échauffe facilement sous le soleil, et favorise la maturation des raisins. D'autres fois, toujours en Belgique, on taille au-dessus du septième et du huitième œil, et l'on se borne tout simplement à arquer le long bois et à piquer l'extrémité en terre. De cette façon, qui est la plus expéditive, le sarment reçoit de la nourriture par les deux bouts. C'est ce long bois qu'on appelle à Huy et dans le pays de Liége une *plie* ou *pliaude;* c'est ce qu'en France on appelle *arceau, archet, arqure, courgée, gaule,* etc. Avec la plie, il y a économie de temps sur le traînard, mais le raisin mùrit plus également sur le traînard que sur la plie.

Chaque œil de long bois ainsi réservé se développe et donne souvent deux fruits. Les bourgeons qui ne porteront pas de raisins doivent être supprimés. Quand le long bois a produit ce qu'il doit produire, on l'enlève.

En deux mots, voici comment l'on taille à Huy, à Tilleur et à Vivegnies : vous avez sur chaque souche deux sarments; vous taillez l'un de ces sarments au-dessus du deuxième ou du troisième œil; vous taillez l'autre beaucoup plus long pour en faire un traînard ou une plie. L'année suivante, vous laissez le long bois du côté où la taille a été courte, et vous rapprochez le traînard au-dessus du deuxième ou du troisième œil. En France, on ne laisse de long bois que dans les vignes de sept ou huit ans qui sont vigoureusement enracinées. Dans les fins vignobles de la Côte-d'Or, cette méthode n'est point pratiquée, et n'y produirait que de l'épuisement ; mais dans les cépages de Gamay, en terre forte et profonde, on pourrait partout réserver du long bois , afin d'augmenter la quantité des produits. Pour mon compte, j'aimerais mieux conserver du long bois que de trop serrer les ceps.

En Belgique, on devrait procéder différemment, attendu que les conditions de terrain et de soleil ne sont plus les mêmes qu'en France. Le long bois dont on abuse au delà de toute expression , puisqu'aux environs de Huy et de Liége chaque cep porte le sien, n'est propre qu'à épuiser le sol , qu'à favoriser la quantité des produits au préjudice de la qualité et qu'à retarder l'époque de la vendange. Or, ce sont là de très-mauvais résultats. On se trouverait bien de tailler en tête d'osier, c'est-à-dire court sur les deux sarments de la souche. La récolte serait moindre, mais le raisin mûrirait mieux , le vin gagnerait en qualité et le cultivateur y trouverait son profit. La taille courte n'est pratiquée qu'à Dinant sur un seul sarment ou deux au plus, et dans la Campine, sur deux, trois et même quatre sarments. Les vignerons de ces localités feront bien de persévérer dans ce mode de taille, et de tenir leurs coursons le plus rapprochés possible de la souche. En deux mots , rien ne serait plus facile que d'améliorer les produits vinicoles en Belgique. Il suffirait de tenir les têtes de souche voisines du sol, de supprimer définitivement les traînards et les plies, de tailler à deux yeux sur un, deux ou trois sarments au plus , d'abandonner l'emploi du schiste houiller, de lui substituer des composts chargés de chaux, de cendres de bois , de cendres de houille, et arrosés d'eaux de lessive, de savon, de fumier et de lie , de donner quatre labours aux terres, au lieu de n'en donner qu'un faible tous les deux ans et même tous les six ou sept ans, de remplacer, enfin, le raisin rouge par le raisin blanc qui mûrit plus tôt que le premier, et donne en Belgique du meilleur vin, qui est fort recherché et payé plus cher que le rouge.

Quand une vigne a été bien labourée et bien taillée, tout n'est pas fini. Il reste encore à enlever avec soin les faux bourgeons qui poussent aux aisselles des feuilles, pendant le cours de la végétation, les rameaux qui ne portent pas de fruits, les bourgeons et grappes stériles qui poussent sur le vieux bois. Ces opérations d'entretien, négligées dans beaucoup de localités, ont une grande importance, et principalement dans les régions du Nord, où la vigne a assez de peine à nourrir et à mûrir ses grappes, pour n'être pas en état de nourrir des pousses parasites.

Lorsque les rameaux ont six ou huit pouces de long et que l'on découvre parfaitement les raisins, il faut ébourgeonner, c'est-à-dire enlever les bourgeons qui ne rapportent rien.

Lorsque la vigne commence à se mettre en fleur, il faut la palisser, ou la lier aux échalas, c'est-à-dire la relever. Choisissez pour cette opération un temps sec et beau.

Lorsque les raisins sont formés, il faut enlever les pousses qui se trouvent à l'aisselle des feuilles, et les rejets qui ne sont bons à rien. Sur les plies, vous ne laisserez que deux feuilles au-dessus de chaque raisin.

Lorsque, enfin, le raisin commence à mûrir, il n'y a pas d'inconvénient à effeuiller un peu, si la vigne est trop vigoureuse et ombrage trop le raisin. On a dit bien des mots et écrit bien des lignes, pour et contre l'effeuillage ; mais je crois que l'on n'a dit ni écrit l'observation principale, c'est que le succès de l'effeuillage consiste dans la manière de le pratiquer, et qu'il convient aux vignobles du Nord seulement. Et notez qu'il ne s'agit pas d'enlever des feuilles à tort et à travers sans précaution aucune.

Pour bien effeuiller, il ne faut pas employer de main-d'œuvre payée, il faut faire sa besogne soi-même; il faut être intéressé à ce qu'elle soit parfaite. L'effeuillage, comme je l'entends, demande une patience d'ange et ne peut être pratiqué que sur une petite échelle, sur des treilles ou des vignes d'une très-grande valeur. Dans des vignobles communs, le profit ne vaudrait pas la peine.

Vous n'ôtez pas une feuille par-ci, une feuille par-là, pour donner plus d'air et de soleil aux raisins qui mûrissent, vous commencez par déchirer un tiers ou un quart de la feuille qui masque le raisin rougissant ou jaunissant. Puis, quelques jours après, vous en déchirez un autre tiers ou un autre quart, de manière à ne point brusquer les changements de température. C'est comme si vous vouliez passer prudemment de la saison d'hiver à la saison de printemps. Vous commencez par ôter le pantalon de gros drap, un peu plus tard la grosse veste, un peu plus tard encore le tricot. Si vous enleviez brusquement vos habits de laine pour reprendre des habits de toile, vous pourriez y gagner des maladies et finir mal. Pour les raisins, c'est la même chose; il serait imprudent de les déshabiller en une seule fois des pieds à la tête. Quand vous les avez déshabillés aux deux tiers, vous attendez une huitaine de jours, et, avec les ongles, vous coupez le restant de la feuille, et laissez la queue attachée au sarment. Nous avons bel et bien des raisins de table qui ont de la peine à mûrir, des chasselas et des muscats qui ne se dorent pas, qui mûriraient à point et se doreraient comme le raisin de Thomery, si l'on s'y prenait de la sorte pour les effeuiller.

Puisque nous sommes sur la question des treilles, il faut que je vous indique de quelle façon s'y pren-

nent les jardiniers de Paris et des environs pour conduire les leurs.

Et d'abord, le principal mérite des vignerons de
Thomery, de Fontainebleau et de Paris, c'est de n'en
pas mener large et de faire bien ce qu'ils font. Qui
trop embrasse, mal étreint, dit le proverbe. Or, nous
embrassons trop, nous autres, et étreignons mal. Cultivez peu, mais cultivez bien, et vous gagnerez; cultivez beaucoup, mais cultivez mal, et c'est forcé, vous
vous ruinerez. C'est la vanité qui nous perd; nous
aimons les grosses fermes, les grandes exploitations,
attendu que ça donne un air d'importance. Oui, mais
ça finit par donner aussi de l'embarras et par amener
toutes sortes de désagréments.

Je reviens à mon sujet : rien ne ressemble moins
aux vignes de France que celles de Belgique. Elles
sont, dans ce pays, beaucoup plus vigoureuses que
là-bas, et c'est ainsi pour la plupart des arbres, dont
les branches et les rameaux fougueux garnissent en
peu de temps de larges façades et des pignons très-
élevés. Cette fougue de végétation rend les vignes et
les arbres fort indociles. Mais tout en faisant une
large part aux difficultés qui existent ici plutôt que
dans les pays méridionaux, nous pensons qu'on laisse
trop de liberté aux treillages, que les rameaux sont
trop confus, trop désordonnés, et que l'on réussirait
à conduire les treilles en forme de T, à un ou plusieurs
cordons, comme à Thomery.

Pour former une vigne en cordons, ayant la forme
d'un T, vous prenez un cep nouvellement planté, du
chasselas ou du muscat, soit une marcotte, soit une
crossette. Vous taillez au-dessus du deuxième œil;
vous laissez les bourgeons se développer comme ils
l'entendent, car plus il y a de feuilles, plus il se forme
de chevelu. La deuxième année, vous retranchez avec

la serpette un des deux bourgeons , le moins robuste bien entendu ; vous taillez l'autre sur deux yeux, et vous obtenez ainsi une pousse de deux mètres de longueur environ. La troisième année, vous taillez au-dessus du quatrième œil. Trois ou quatre bourgeons poussent sur cette tige ; vous les palissez contre le mur sur un angle de 70 ou 75°. Ils donneront du fruit. Dans le cours de la végétation , vous pincerez ces bourgeons au-dessus du deuxième œil, plus haut que la grappe. Quant au bourgeon terminal, vous le tenez droit, pour qu'il continue la tige. La quatrième année, on taille au-dessus du quatrième œil, au plus du cinquième.

Il ne faut pas trop se presser de former le cordon, car, autrement, vous auriez une tige mince et sans force qui ne fournirait pas assez de séve aux fruits. Lorsque le bourgeon touche à la latte sur laquelle on veut établir le cordon , on le pince , et il arrive ceci : un des sous-yeux se développe dans une direction, et l'œil principal dans la direction opposée. C'est le moyen d'avoir le T parfait. Tout est fini.

Une fois ce T formé, prenez garde de trop allonger la taille sur les sarments de prolongement, car vous auriez beaucoup de vides sur les cordons ; des yeux resteraient inactifs et la séve se porterait aux extrémités. Deux coursons de chaque côté par année et en dessus suffisent. Vous aurez soin d'ébourgeonner en dessous. On doit, le plus possible, rapprocher les coursons de la branche mère ou vieux bois, comme dans la taille du pêcher.

Lorsque le T est obtenu , rien n'empêche de supprimer les coursons placés verticalement sur la tige, et qui ont donné du fruit en attendant la formation du cordon.

En raison même de la végétation, et quelle que soit

la forme à imprimer aux treilles palissées contre les murs d'habitations, il faut se donner garde de multiplier trop les ceps. Si un seul cep peut garnir le treillage, n'en mettez pas deux ; la besogne sera plus longue, sans doute, mais elle sera meilleure.

Avant d'en finir avec les vignes, disons un dernier mot de la maladie qui sévit sur elles depuis quelques années, et menace de s'étendre partout. Cette maladie consiste dans le développement d'un champignon, d'une moisissure que les savants appellent *oïdium Tuckeri*. Les feuilles se couvrent peu à peu de taches grisâtres, perdent de leur transparence, se ternissent; le sarment se noircit, se charbonne en quelque sorte par places ; les grappes vertes du raisin se couvrent d'une moisissure grisâtre et infecte, le développement des grains s'arrête, une tache brune se forme sur la pellicule, et au point le plus voisin des pepins ; cette tache finit par crever, les pepins se trouvent mis à jour, et les grappes ne mûrissent point. Voilà les principaux caractères de cette maladie de la vigne, que l'on a pu observer en Belgique aussi bien qu'en France.

Elle nous vient d'Amérique selon les uns, d'Angleterre selon les autres. Lorsqu'elle tombe dans une localité, elle s'attaque surtout aux plantes étrangères à cette localité, et aux vignes fumées avec du fumier d'étable. Ainsi, au jardin du Luxembourg, à Paris, elle s'est attaquée d'abord au pineau de Bourgogne, tandis que, dans la Bourgogne, elle s'est attaquée aux ceps de chasselas et aux plants de variétés étrangères.

On pourrait, d'après cela, considérer la culture forcée comme étant la cause première de la maladie.

Quelques cultivateurs de treilles soufflent de la fleur de soufre sur les grappes moisies. Je trouve que le remède et la maladie se valent. Si j'avais un conseil à donner, ce serait de ne cultiver que les cépages qui se plaisent sous notre climat, de ne jamais employer de fumier et de détruire par le feu tous les sarments attaqués, car l'*oïdium Tuckeri* est tellement contagieux, qu'il attaque même les végétaux du voisinage qui n'ont rien de commun avec la vigne. Je citerai entre autres les abricotiers, les azalées et le souci.

Jusqu'à ce jour, les vignerons belges n'avaient eu à se plaindre que des blaireaux, des renards, des lapins et d'une tordeuse ou larve de pyrale, qui se roule dans les feuilles de la vigne, et dévore les grappes au moment de la floraison ; mais aujourd'hui, l'appréhension de la maladie les tourmente plus que ces animaux destructeurs. Puisse-t-elle ne pas ravager en peu d'années tous nos vignobles !

CHAPITRE VIII.

RÉCOLTE DES RAISINS ET FABRICATION DU VIN.

On ne plante pas, on ne cultive pas pour le plaisir de planter et de cultiver ; non, c'est dans l'espoir de récolter qu'on sue si souvent toute l'eau de son corps et qu'on se donne de la peine à rompre dessous. Quand la récolte est mauvaise après cela, les gens deviennent tristes à faire pitié ; mais aussi, quand elle est bonne, le contentement se montre sur tous les visages. La récolte, c'est le prix du travail, et, pendant des mois, longs comme des années, chacun se demande si ce prix-là sera faible ou fort, si la fleur passera bien en juin, si la saison d'été sera chaude, si la gelée ne perdra pas les bourres, si les bêtes ne mangeront pas les pousses, si la grêle ne crèvera pas les grains. La récolte des raisins s'appelle la vendange. Or, la vendange, sans que ça paraisse, n'est pas une mince affaire. Souvent la qualité du vin en dépend. Il ne faut ni vendanger trop tôt, ni vendanger trop tard ; il faut arriver à point, quand le raisin n'est ni trop vert, ni trop mûr.

On reconnaît que le raisin est à point, à différents signes. La queue de la grappe brunit, les grains se détachent facilement, leur pellicule acquiert de la transparence en s'amincissant, la pulpe devient juteuse et conserve un peu d'acidité, enfin les pepins passent de la couleur claire à une teinte obscure, légèrement verdâtre. Quant aux raisins blancs, ils jaunissent et se tachètent. Si, dans ce moment, vous ne vendangez pas, une partie des sels aigrelets du raisin, le tartre et les autres, se changent en sucre, et alors plus de verdeur ; et qui dit plus de verdeur dit en même temps moins de conservation et point de bouquet. Ce sont les acides du raisin qui donnent de la verdeur aux vins et qui, avec le tanin et l'alcool, contribuent à conserver les vins en question, de même que le vinaigre, qui est un acide végétal aussi, aide à conserver les cornichons, les haricots verts, les petits pois avec lesquels on stimule l'appétit des personnes qui ne travaillent guère des bras. Ce sont les acides du raisin, aussi, qui développent le bouquet dans les vins fins de la Bourgogne, des bords du Rhin et d'ailleurs. Et cela est si vrai que les vins du Midi, qui proviennent de raisins égrappés et très-mûrs, n'ont pas de bouquet.

Que si, maintenant, vous me demandiez comment

se forme le bouquet, je vous répondrais que, sans être sûr de ce qui se passe dans le vin, je le soupçonne pourtant. Vous avez, les uns et les autres, entendu parler de l'éther. C'est un liquide qui s'envole comme s'envolent le camphre et l'alcali, quand on ne bouche pas les flacons, et que l'on met sous le nez des gens qui ont les nerfs agités et se trouvent mal. L'éther a une odeur agréable pour d'aucuns, vive pour tout le monde, qui calme et ressuscite ceux qui ne sont pas morts sérieusement. Eh bien, cette substance de pharmacie se fabrique avec des acides et de l'alcool. Or, ceci nous donne à penser que le bouquet des vins pourrait bien être aussi une sorte d'éther, provenant de l'action des acides sur l'alcool, dans les futailles ou dans les bouteilles.

Il résulte donc de ce que nous venons de dire qu'il ne faut pas récolter les raisins trop mûrs ; mais cette recommandation est à peu près inutile pour la Belgique, où l'excès de verdeur est plus à craindre que l'excès de maturité.

Dans les crus ordinaires et médiocres, le manque de verdeur n'est pas à redouter, mais en revanche, pour peu que le temps soit humide, la pourriture n'y épargne pas les raisins. Par conséquent, dans ce cas encore, il vaut mieux vendanger tôt que tard, quitte à mettre ensuite les raisins en tas, comme dans certaines localités de la France, et à laisser la maturation s'achever ainsi.

La pluie, les brouillards et les fortes rosées sont défavorables à la vendange. Pour la cueillette de tous les fruits, raisins ou autres, vive toujours un temps sec et un soleil chaud. Le vin n'en vaut que mieux. Malheureusement, le vigneron est souvent forcé de recevoir le temps tel que Dieu le lui envoie. Il n'y a guère que les gens des villes qui prennent les vendanges pour des jours de fête. Demandez, là-dessus, l'opinion des vendangeurs, quand ils sortent des vignes, mouillés jusqu'aux os et crottés jusqu'à l'échine. Et c'est ce qui arrive souvent.

En Belgique, on vendange quelquefois à la Sainte-Thérèse, c'est-à-dire le 15 octobre, et alors c'est de bon augure pour la qualité du vin ; mais le plus souvent, on ne vendange que du 25 au 30 et même plus tard. Dans le midi de la France, dans la Gironde, l'Hérault et les Bouches-du-Rhône, on vendange ordinairement du 8 au 20 septembre ; dans le Gard, du 20 septembre au 15 octobre ; dans la Touraine, l'Anjou, la Bourgogne, la Champagne et la Franche-Comté, on vendange également du 20 septembre au 15 octobre. Autrefois, dans la Côte-d'Or par exemple, on ne commençait pas plus tôt, mais on finissait moins tard que de nos jours, parce que les ceps étaient moins serrés et que l'air et le soleil circulaient plus aisément dans les vignes. Un vigneron de Volnay écrivait, en 1845 : « De 1716 à 1795 inclus, ce qui « comprend 80 ans, on a vendangé 12 fois en octo- « bre ; et depuis 1796 à 1844, ce qui comprend seu- « lement 48 ans, on a déjà vendangé 22 fois dans ce « mois. »

Ce sont, en Belgique comme partout, des hommes, des femmes, des enfants qui font la vendange. Chacun d'eux, en Bourgogne du moins, a son petit panier d'osier, d'une main, et de l'autre, sa serpette, son couteau ou une paire de ciseaux. Quand le petit panier ou *vendangerot* est plein, on va le vider dans de grands paniers qui contiennent la charge d'un homme et qui sont placés de distance en distance, ou bien encore dans des mannes et des hottes en osier. Mannes, hottes ou paniers pleins, on les verse dans une ballonge, espèce de cuve basse et ovale, montée sur une charrette sans ridelles. Quelquefois, lorsque les paniers ne manquent pas, on les empile sur la charrette, on les soutient les uns sur les autres au moyen d'une longue corde, comme on fait pour les gerbes de blé, et on les mène ainsi jusqu'au pressoir.

La serpette ou le couteau, dont on se sert habituellement pour la cueillette des raisins, ne sont pas ce qu'il y a de mieux. La plupart du temps, ils n'ont pas été affilés, et l'on tiraille, l'on secoue les ceps pour détacher les grappes. La vigne en souffre et le raisin aussi, car des grains en tombent. Au lieu donc d'une serpette ou d'un couteau, il serait à désirer que l'on se servît exclusivement de sécateurs et de ciseaux ; malheureusement, vouloir n'est pas pouvoir, quoi qu'on dise. Le sécateur coûte au moins trois francs et les ciseaux ne sont pas non plus à bon marché.

Lorsque la qualité en vaut la peine, on trie les raisins ; on met d'un côté ceux qui sont pourris ou encore verts, et, de l'autre, ceux qui sont en bon état ; mais lorsque l'on a affaire à des raisins de variété commune, on ne fait pas de triage, attendu que le jeu ne vaudrait pas la chandelle.

Les vendanges faites, adieux paniers, voici le tour des futailles. Une fois les raisins blancs au village ou à la ville, on en verse sur le pressoir de quoi faire un *sac* ou pressée. Deux hommes, chaussés de lourds sabots de hêtre et munis chacun d'une pelle en bois, les piétinent dans tous les sens, les relèvent avec les pelles, et piétinent de nouveau, jusqu'à ce que la plupart des grains soient écrasés. Le jus du raisin, c'est-à-dire le moût, le vin doux, ruisselle et tombe du pressoir dans une ballonge ou cuvier, par une rigole. Aux deux bords de la rigole sont deux clous, auxquels on accroche l'anse d'un panier qui sert de filtre et reçoit les pellicules, la rafle et les pépins entraînés par le ruisseau de vin doux. Ce vin, le premier venu, est le meilleur.

Les vignerons relèvent ensuite à la pelle le raisin qu'ils viennent de fouler, en font un tas carré, le recouvrent avec une rangée de madriers, serrés l'un contre l'autre. Sur les madriers, ils espacent plusieurs rangs de baliveaux en long et en large, et, au moyen d'une vis, d'un tour ou d'une grue, ils font descendre sur tout cela un arbre énorme qui presse la pulpe, les pellicules, les rafles et les pepins.

Quelque temps après, l'on desserre et l'on enlève les baliveaux et les madriers. Puis, on coupe le marc pressé, au moyen d'un fer de bêche. On le bouleverse bien, on l'émiette bien avec la main et l'on en forme un nouveau tas, que l'on presse de nouveau. On renouvelle cette opération jusqu'à trois fois pour les vins blancs.

Les vins de pressée ne valent pas le vin de foulage. Ils ont une verdeur trop prononcée que celui-ci n'a point. Mais comme cette verdeur est une garantie de conservation, il y a de l'avantage à les marier ensemble. Il n'y a que celui de la dernière pressée que l'on fait bien de mettre à part, comme très-inférieur.

Au sortir du pressoir et de la ballonge, on entonne le vin doux dans les futailles et on le roule dans les celliers ou dans les caves. Aussitôt en place, on enlève les sceaux des bondes, car le vin, qui entre en fermentation dans les futailles, ferait vite sauter les douves. Une écume jaunâtre, blanchâtre, ne tarde pas à sortir par les bondes. C'est ce qu'on appelle le mucilage, le ferment. Quand il n'en sort plus, au bout de quelques jours, on nettoie l'orifice des futailles, mais on ne scelle pas encore, on place seulement le sceau sur la bonde, on ne fait que le lui présenter, sans l'enfoncer avec le maillet; on ne scelle que lorsqu'il n'y a plus rien à craindre de la fermentation.

Voilà comment les choses se passent en Bourgogne pour la fabrication des vins blancs. Et de même en Belgique, où les méthodes bourguignonnes sont suivies la plupart du temps.

Pour les vins rouges, c'est une autre affaire. Si vous pressiez des raisins rouges, il n'en sortirait que du vin blanc, attendu que la couleur est attachée à la peau du grain et ne s'en va pas avec l'eau du moût. Mais cette couleur se dissout dans l'alcool, et pour que le sucre du raisin se change en alcool, il faut que ce sucre fermente ou *travaille*, comme disent les vignerons.

Voilà pourquoi, généralement, on laisse fermenter les raisins rouges, à moins qu'on ne veuille en tirer du vin blanc pour fabriquer les mousseux ou pour le boire sans autre préparation. Mais ne me parlez point de vin blanc fait avec des raisins rouges; c'est quelque chose de bâtard, qui n'a pas de caractère propre, pas de cachet, pas de montant. Le seul mérite que je lui reconnaisse à Huy, où l'on en fabrique beaucoup, c'est de n'avoir point le goût de terroir des vins rouges, attendu qu'il n'a point fermenté dans la cuve. Donc, quand vous ne voulez point faire de mousseux avec vos raisins rouges, faites-en du vin rouge, rien autre chose. Pour cela, vous mettez les raisins en question dans les cuves. Leur sucre se change en alcool et dissout la couleur et le tanin des pellicules. Voilà pourquoi le vin cuvé a de la couleur et n'est point doux comme si on le pressait de suite.

Avant de verser les raisins rouges dans les cuves, il y a des soins à prendre. D'abord, les cuves doivent être rincées à l'eau chaude, puis à l'eau froide, et il n'y a pas d'inconvénient à y passer un litre de bon cognac ou à frotter les douves en dedans avec des poignées de feuilles de pêcher.

On jette les raisins tout entiers dans la cuve, ou bien on les égrappe pour n'y jeter que le grain. L'égrappage se pratique à Dinant sur le tiers ou le quart des raisins, et à Huy sur la totalité. Il se pratique également dans la fabrication des bons vins du Gard, de Bordeaux et de la côte du Rhône. Dans la Franche-Comté, on égrappe dans des tonneaux, au sortir même de la vigne. Dans la Côte-d'Or, on a essayé de l'égrappage, mais on a dû y renoncer, car les vins délicats de ses grands crus ont besoin de verdeur et de tanin pour se conserver, et du moment où vous enlevez la rafle, vous enlevez ce tanin et cette verdeur nécessaires. Du vin, fabriqué avec les grains du raisin seuls, est plus doux, moins âpre et plus tôt prêt à boire que celui fabriqué avec des grappes entières, mais il a moins de durée. Si l'on n'égrappait pas dans le Bordelais, il y aurait excès de tanin; on aurait du vin par trop âpre, par trop ferme. En Bourgogne, le même résultat n'est pas à craindre. Mangez les raisins qui fournissent le médoc, vous les trouverez détestables; mangez les raisins qui fournissent le volnay ou le beaune, vous les trouverez doux, sucrés, délicieux. Beaucoup de tanin dans les premiers, presque pas dans les seconds; d'où il suit qu'à Bordeaux, l'égrappage est utile, et qu'à Beaune ou à Volnay, il serait nuisible. En Belgique, où les raisins sont agréables à manger et ne contiennent par conséquent pas de tanin en excès, on ferait peut-être bien partout de n'égrapper que le tiers ou le quart, comme à Dinant.

Il y a plusieurs moyens d'égrapper les raisins. Tantôt on les met dans un petit baquet; on pique dedans une fourche de bois à trois dents et l'on fait tourner rapidement le manche de la fourche d'une main, tandis que de l'autre on enlève les rafles, à mesure qu'elles se présentent au-dessus du baquet. Tantôt on se sert d'un crible en osier, à larges mailles, sur lequel on remue vivement les raisins, et dans tous les sens; tantôt, enfin, on se sert d'un cylindre à jour, d'une espèce de cage d'écureuil, faite avec des baguettes en bois. Une trémie, qui est placée dessus, reçoit les raisins, et une manivelle que l'on tourne de gauche à droite et de droite à gauche, tour à tour, les égrène.

Voici donc, d'un côté, nos raisins égrappés, et, de l'autre côté, nos raisins qui ne le sont pas. Cela dépend des localités et de la nature des produits. Il s'agit à présent d'en faire du vin rouge.

Les uns commencent par les fouler à pied d'homme ou avec des cylindres qui tournent en sens inverse, et à mesure qu'ils foulent, ils les versent dans la grande cuve. Les autres ne foulent pas et mettent tout de suite en cuve. Je crois que ceux qui foulent d'abord ont raison, car la fermentation se produit plus vite et plus également.

Les cuves sont en bois, de la contenance de 20 à 80 hectolitres, rondes ou carrées, cerclées en bois ou en fer; ou bien encore les cuves sont en maçonnerie. Quand elles sont pleines aux neuf dixièmes environ des raisins de la récolte et que la fermentation commence, on foule en Belgique avec un fouloir en bois; en France, des hommes nus entrent dedans et foulent, si les raisins n'ont pas été foulés avant d'y être mis. D'aucuns y perdent parfois la vie, asphyxiés par le gaz acide carbonique, le même qui sort d'un fourneau de braise allumée. Cette fermentation est appelée *tumultueuse*. C'est celle qui remue tout, échauffe tout, qui fait la grosse besogne et soulève avec son gaz les rafles et les pellicules, qui sont au fond, pour les chasser au-dessus des cuves, où elles forment ce que les vignerons nomment le *chapeau de la vendange*. Un foulage donné au fort du travail de la cuve est d'un excellent effet. La couleur se détache bien.

Douze heures au moins, vingt-quatre heures au plus, après ce foulage, il est prudent de sortir le vin des cuves, car le chapeau de la vendange, qui est à l'air, contracterait vite un mauvais goût et la cuvée pourrait s'en ressentir. Moins les raisins sont sucrés, moins il faut de temps pour que le vin se fasse, plus vite il faut décuver.

En Belgique, pendant la fermentation, les vignerons enfoncent à diverses reprises le chapeau de la vendange dans la cuve, afin d'augmenter la coloration de leur vin. Qu'ils continuent à le faire, soit, mais qu'ils aient d'abord la précaution d'ôter la partie supérieure du chapeau, celle qui pourrait être gâtée.

On décuve par le bas avec des conduits en bois, des robinets en cuivre, ou avec des boyaux de cuir qui vont de la cuve dans les futailles; ou bien, on décuve par le haut, avec des seaux en bois de sapin. Le procédé par les boyaux est le meilleur, car il empêche le contact du liquide avec l'air. Ce vin, décuvé le premier, porte le nom de *larmes* en Belgique, et s'appelle en France le *vin de goutte* ou la *mère goutte*. Il est encore chaud quand on le met en futailles. Quant aux rafles, pepins et pellicules, on les porte sur le pressoir, où l'on presse comme pour les raisins blancs. Le vin de la première et de la seconde pressée doit être entonné dans les futailles, en partie pleines déjà des larmes ou vin de goutte. En Bourgogne, c'est de rigueur; autrement, le vin de goutte manquerait de fermeté et n'aurait pas de durée.

On doit entonner le bon vin dans des futailles neuves ; et il n'est pas même utile de rincer ces futailles d'abord. Le tanin du bois lui donnera de la fermeté. Les Bordelais, qui ont pourtant moins besoin de tannin que les Bourguignons, ne se contentent pas d'en prendre aux barriques neuves, ils mettent encore quelques poignées de copeaux de hêtre dedans, avant d'entonner.

En Belgique, les choses se passent différemment : on ne se sert pas de futailles neuves ; on recherche au contraire les tonneaux de Bourgogne qui ont été *emboissonnés* en bon vin, et aussitôt ce vin en bouteilles, ils mettent le leur à la place, et s'en trouvent bien.

Une fois le vin dans les tonneaux ou les barriques, évitez qu'il se refroidisse trop brusquement ; laissez la fermentation alcoolique s'achever tranquillement et ne scellez les bondes qu'au bout de quelques jours. Or, pour que le refroidissement ne soit pas brusqué, ayez soin de fermer les ouvertures des cuves et celliers où seront les futailles.

CHAPITRE IX.

ENTRETIEN DES VINS.

Quand le vin est dans les tonneaux, quand vous avez scellé les bondes sept ou huit jours après l'entonnage, tout n'est pas fini. Pendant un mois environ, et au moins une fois par semaine, vous songerez au remplissage. Il se fait un déchet plus ou moins rapide, le vin s'en va sans que nous voyions par où il passe; il en entre dans les douves par des millions de petits trous, qu'on découvre avec un verre grossissant, mais que nos yeux ne découvrent point, et le bois en avale d'autant plus qu'il est plus sec. Il s'en évapore aussi, de façon que tous les jours le niveau baisse un peu et que l'air prend la place du vin parti. Or, il n'est pas bon que l'air et le vin se touchent longtemps, car il en résulterait d'abord un goût d'évent, et ils finiraient par faire du vinaigre ensemble.

Le moyen de chasser l'air, c'est de remplir les futailles.

Le vin n'est véritablement fait que lorsque toute fermentation a cessé. A ce moment, le liquide est en repos et les substances qui troublaient sa limpidité se déposent peu à peu, soit au fond des futailles, soit contre les douves latérales. Vous connaissez ce dépôt de sels et d'impuretés de toutes sortes; c'est ce qu'on nomme la *lie*.

Le moindre mouvement imprimé aux futailles par les secousses des voitures qui passent, par l'ébranlement qui accompagne les coups de tonnerre, l'influence de la chaleur, l'époque de la circulation fougueuse de la séve dans les vignes qui se fait sentir dans les vins et les agite ; toutes ces causes séparées ou réunies peuvent agir sur la lie, ranimer la fermentation, amener la pourriture et perdre les vins. C'est pour cela qu'en France et dans la plupart des localités vinicoles, on a soin, une fois par an au moins, en mars, de transvaser le vin d'un tonneau dans un autre, pour le débarrasser de sa lie. On appelle cette opération le *soutirage,* et on l'exécute soit avec un seau pour les vins communs, soit avec un siphon en fer-blanc, soit enfin avec un boyau de cuir et un soufflet pour les vins qui redoutent beaucoup le contact de l'air ou exigent plus de précautions que les autres. Je donne la préférence au siphon sur le boyau.

Le soutirage se pratique dans certaines maisons deux fois par an, en mars et en septembre ou octobre. C'est trop tard d'un mois ou deux. C'est en août que cette opération doit être faite, par un temps sec, en pleine lune, au moment de la seconde séve de la vigne. On passe ordinairement de l'eau bien fraîche dans des tonneaux vides, on les mèche et l'on s'en sert pour recevoir les vins transvasés.

En Belgique, il n'y a point de règles fixes pour le soutirage des vins. A Huy, les bons cultivateurs soutirent trois fois la première année, vers la fin de décembre ou au commencement de janvier, en mai, c'est-à-dire avant la floraison, et, enfin, vers la mi-septembre, après la lune du mois d'août. A Tilleur, on ne soutire que deux fois, en hiver, et un peu avant la séve de printemps. A Vivegnies, on soutire le plus souvent possible; chaque fois qu'on peut se procurer un tonneau vide de bourgogne, fraîchement *emboissonné*, on transvase dedans le vin du pays, afin de lui donner du corps, du montant et de la durée. On se garde bien de le rincer d'avance avec de l'eau fraîche.

Le vin s'éclaircit de lui-même, à la longue, j'en conviens, mais il est rare qu'il arrive ainsi à une limpidité parfaite. Le tonnelier ou le vigneron lui vient donc en aide dans ce travail, et le débarrasse de ses impuretés au moyen de blancs d'œufs fouettés jusqu'à l'écume ou de colle de poisson délayée dans du vin. Il verse les blancs d'œufs ou la colle dans la futaille, et agite la partie supérieure du vin avec une baguette de bois fendue en quatre à une certaine hauteur. Par suite de cette agitation, la colle de poisson ou de blancs d'œufs s'étend sur tout le liquide, s'épaissit, descend lentement vers le fond du tonneau et entraîne avec elle tout ce qui troublait la limpidité du vin. Notons, en passant, que la poudre de Jullien vaut encore mieux que les blancs d'œufs et la colle. Elle forme un dépôt considérable et ferme, et, au bout de vingt-quatre heures, le vin est clair. Cette opération s'appelle le *collage*.

On colle les vins, quand on s'aperçoit qu'ils forment un dépôt rougeâtre comme de la brique, symptôme d'une maladie prochaine en Bourgogne.

On les colle avant de les mettre en bouteilles.

On les colle pour les vieillir ou plutôt pour les user, quand ils sont trop fermes.

La colle fatigue les vins, les dépouille de leur matière colorante et d'une partie de leur tanin. Des vins collés souvent ne se soutiendraient pas longtemps.

Après le collage d'août, le soutirage et le remplissage qui suivent, ayez toujours soin de placer vos futailles de manière que la bonde soit de six ou huit pouces de côté, et le sceau, par conséquent, toujours recouvert par le vin. Le déchet sera moins considérable, l'air ne pénétrera pas dans les tonneaux et le liquide se trouvera dans de meilleures conditions de santé.

Les vins, surtout ceux qui proviennent de vignes très-fumées et souvent provignées, sont sujets à des maladies graves. Beaucoup aussi deviennent malades, parce qu'ils ont été mal soignés. Ces maladies sont : la *graisse*, la *pousse*, l'*amer*, l'*aigre*, et le *goût de moisi*.

Je commence par vous dire que la médecine ne fait pas merveille sur les vins malades, et que les drogues les plus vantées ne les guérissent point; ils les font souffrir un peu plus de temps, voilà tout. Ce sont des calmants. Vous ne ferez jamais un Hercule d'un enfant venu de père et mère poitrinaires ; vous ne ferez jamais, non plus, un vin solide du jus qui sort d'une vigne mal portante. Cependant, quand les maladies des vins ne sont pas un héritage de famille, il ne faut point désespérer.

La *graisse* est une maladie qui attaque surtout les vins blancs, provenant de vignes forcées en culture et pauvres en alcool. C'est l'excès de ferment, comme qui dirait de levain, qui les rend gras, filants, glaireux. Le tanin peut les soulager ; c'est ce qu'on appelle un antiputride, autrement dit, une substance qui empêche ou arrête la pourriture. Si les tanneurs se servent d'écorces de chène broyées pour empêcher que leurs peaux pourrissent, c'est qu'il y a du tanin dans le chène ; mettez donc quelques poignées de copeaux de chène dans la futaille du vin malade, et il s'en trouvera bien. Il y a des personnes qui le soutirent au broc et le versent dans un entonnoir garni de paille de seigle. La partie gluante du vin s'attache à la paille. Ensuite, on clarifie avec de la colle de poisson et un peu d'alun, calciné sur une pelle rougie au feu.

La *pousse* affecte surtout les vins rouges. Ils prennent une teinte louche, brunâtre, et ont une saveur amère de pourri. Cette maladie attaque surtout les vins récoltés dans les vignes abondamment fumées. Trop de fumier, trop de ferment. Trop de ferment, pourriture certaine. Tant que les acides et le tanin, entre autres, empêchent ce levain de fermenter, c'est-à-dire de pourrir, tout va bien ; mais aussitôt que les acides s'en vont, que le vin commence à vieillir, la pourriture se développe, et d'autant plus vite que l'alcool n'est pas abondant dans le vin. Puisque les acides manquent, donnez-en au liquide ; donnez-lui dix grammes d'acide tartrique par hectolitre, une poignée de copeaux de chêne ou de hêtre, ou, au lieu de copeaux, un peu de cachou dissous dans de l'eau, et, enfin, un demi-litre de cognac par hectolitre, et votre vin tourné se rétablira. Vous ferez bien, en même temps, de soutirer par le bas une partie de la lie qui contient le levain.

L'amer est une maladie particulière aux vins fins de Bourgogne, et malheureusement très-commune. Les acheteurs qui n'y entendent rien, appellent cela un goût de vieux, et prennent l'affection pour une qualité. Les connaisseurs ne sont pas de cet avis, et accusent dans cette amertume un commencement de pourriture, accompagnée du dégagement d'un gaz sulfuré. Quelques grammes de noir animal, lavé d'abord dans un mélange d'acide chlorhydrique et d'eau, et quatre ou cinq bouteilles de bon vin blanc, mis dans le tonneau, devraient produire un bon effet. C'est un essai à faire, en petit d'abord.

L'aigre est une maladie qui attaque surtout les petits vins, pauvres en alcool et laissés en vidange. Avec des coquilles d'œufs broyées, ou de la craie ou même du plâtre, dit-on, on peut enlever l'acidité pour quelque temps. Si le tonneau est en vidange, on a soin de le mécher légèrement, c'est-à-dire d'y faire brûler un morceau de bandelette soufrée. Quelquefois, sans que le vin soit malade, — et cela se pratique sur certain point de la Campine,—on adoucit le vin blanc avec de la craie ou de la chaux éteinte. C'est un mauvais procédé. On fera bien de l'abandonner. Non-seulement il rend le vin plat et insipide, mais il a de plus l'inconvénient de lui ôter un de ses principes conservateurs.

Le goût de moisi est une des affections les plus ingrates que je connaisse. On conseille, pour l'enlever,

de verser de la bonne huile d'olive dans le vin et de
l'agiter vivement avec une baguette. On assure que
l'huile s'empare du goût de moisi. Comme elle monte
à la surface, il est facile ensuite d'en séparer le vin,
en le soutirant par le bas. Donc, presque aussitôt
battu, il faut soutirer, puis coller.

CHAPITRE X.

LES VINS DE FANTAISIE.

Parlons maintenant des vins de fantaisie, des vins
sucrés ou procédés : ces vins-là ne sont pas de véri-
tables vins. Le premier verre ne déplaît pas, le second
non plus, mais pour peu que ça dure, la saveur va
en rabattant et il vous reste quelque chose de désa-
gréable au palais et au gosier. Et puis les vins
procédés n'ont pas de bouquet. Or, quand le palais
est content, j'aime assez que le nez le soit aussi. On
vous dit : Lorsque les années sont bonnes, ne procédez
pas, ne sucrez pas ; mais lorsqu'elles sont mauvaises,
procédez. C'est affaire de goût, et je comprends que
l'on mette du sucre dans sa piquette, pour la rendre
moins dure et moins verte ; je comprends même que
l'on aille trouver la clientèle et qu'on lui dise : —
Le vin de cette année ne valant guère, nous y avons
mis tant de livres de sucre de betterave, voulez-vous
acheter du vin sucré ? Mais ce que je ne comprends
pas, ce que je ne trouve pas honnête, c'est qu'on
vende les choses pour ce qu'elles ne sont point, c'est

qu'on prenne des raisins de médiocre qualité, qu'on les encuve avec du sucre, avec de la mélasse ou du sirop de dextrine, qu'on les décuve, qu'on les entonne et qu'on les vende aux gens pour des têtes de cuvées, pour des vins de choix.

Quand je veux du vin naturel, point drogué d'aucune façon, livrez-moi du vin naturel; s'il est bon, je le boirai bon; s'il est médiocre, je le boirai tel et le payerai moins cher. Quand j'achète des pommes à couteau aux jardiniers, ils ne me livrent pas des pommes cuites sucrées, attendu que l'année a été mauvaise et que les fruits n'ont pas de saveur.

Dans les contrées viticoles de la Belgique, on fait une grande consommation de vin sucré, aux jours de kermesse surtout; mais les vignerons ne sucrent pas le vin rouge en cuve. On en a fait l'essai à Tilleur, en 1826; on s'en est mal trouvé, et depuis lors, il n'en a plus été question. Les vignerons le vendent donc dans son état de nature, soit à des négociants qui s'en servent pour couper des vins du Roussillon et le revendent ensuite sous le nom de Bordeaux, soit à des débitants du pays qui le font boire chaud, sucré et cannellé, à raison de un franc la bouteille.

Le vin blanc de Belgique, à l'exception de celui du coteau de Mariensberg, ne se consomme guère non plus à l'état de nature. Les vignerons le vendent tel qu'ils le produisent, mais les débitants le font boire dans les kermesses, sous le nom de *limonade,* c'est-à-dire froid, avec du sucre et de la cannelle. Dans la Campine, les producteurs le sucrent eux-mêmes, et j'ai eu toutes les peines du monde à en trouver de naturel.

Les consommateurs veulent la marchandise ainsi procédée; les vignerons et les débitants sont forcés par conséquent d'aller au-devant de leurs désirs.

Nous n'en dirons pas moins que c'est là une condescendance regrettable, car la Belgique est appelée à produire des vins blancs très-agréables et bien supérieurs à ses vins rouges. Mais quand nous parlons de vins blancs, nous n'entendons pas désigner ceux que l'on fabrique avec des raisins rouges, mais bien ceux qui proviennent de raisins blancs.

Pour en finir avec les vins de fantaisie, j'ai à vous entretenir encore des vins mousseux, des vins gelés et des vins de paille.

Les vins mousseux sont par excellence des vins de fantaisie. Ils constituent une des branches importantes de l'industrie vinicole belge. On en fabrique beaucoup à Dinant avec les vins du clos Saint-Jacques et beaucoup à Huy. Ils ne valent pas assurément le champagne ; ils n'en ont ni le ton, ni la pétulance, mais enfin ils valent bien les mousseux du Jura.

Ce qui fait mousser les vins, c'est la quantité considérable de gaz acide carbonique emprisonné dans les bouteilles. Ce gaz est le même que celui qui sort des cuves en fermentation ou d'un fourneau de braise allumée.

Si vous bondiez des tonneaux de vin nouveau lorsqu'il fermente encore, les fonds et les cercles sauteraient sous les efforts du gaz.

C'est la même raison qui fait sauter les bouchons des bouteilles de champagne ou éclater le verre. Le vin fermente dans les bouteilles au lieu de fermenter dans les tonneaux ; voilà tout.

On choisit d'excellents raisins noirs pour fabriquer les vins blancs mousseux ; on vendange de bonne heure et par la rosée ; on s'arrange de façon que les raisins ne soient ni pourris, ni écrasés ; on les presse, sans les piétiner d'abord, et on ne laisse couler le jus que pendant un quart d'heure. Après cela, vous desserrez, vous coupez le marc avec la bêche, le repressez et laissez couler comme la première fois. Vous obtenez ainsi un moût blanc ou très-légèrement rosé, que vous laissez reposer dans une cuve, environ vingt-quatre heures. Un dépôt se forme ; vous séparez le vin du dépôt avec précaution et l'entonnez ensuite dans une futaille de bon goût, ou neuve et soufrée, avec un litre de bon cognac par cent litres de moût. La futaille étant pleine, vous la placez dans un cellier frais, et le vin jette son écume. Le cognac empêche que la fermentation devienne très-vive. A mesure que cette fermentation s'opère, trois ou quatre fois par jour, vous avez soin de remplir.

Quand il ne sort pas d'écume par la bonde, vous remplissez de nouveau et scellez. Dans la seconde quinzaine de décembre, par un beau temps, vous soutirez et vous collez. Au bout d'un mois, vous soutirez encore, puis vous ajoutez au vin un peu de bon cognac et environ 2 kilog. 1/2 ou 3 kil. de sucre candi par cent litres. Vous ne mettez pas tout bonnement le sucre dans la futaille ; vous commencez par le faire dissoudre dans un peu de vin.

Au bout de deux mois, à peu près, vous collez ; et, vers la fin de mars, vous mettez le vin en bouteilles et ne les emplissez guère qu'aux trois quarts.

C'est ici que commence l'embarras pour les hommes qui ne sont pas de la partie. Il faut des bouteilles fabriquées exprès, solides du corps, étroites du goulot. Il faut des bouchons de première qualité et les savoir enfoncer habilement et ficeler de même. Mettons que cette besogne soit finie, — car on ne l'enseigne point sur le papier, — vous couchez les bouteilles dans une cave fraîche, en les séparant les unes des autres avec des lattes. La fermentation continue dans le verre ; le gaz, ne pouvant point sortir, se marie au vin ; mais en mai et juin sa force est telle qu'il brise bel et bien des bouteilles, quelquefois de 30 à 40 au cent, quelquefois moins cependant. Le vin répandu ne se perd point, il coule sur une aire inclinée, faite avec du ciment et de la chaux, et descend dans un réservoir par des rigoles. On le recueille et on le refait prisonnier.

Tout n'est pas fini ; on ne boit pas le vin mousseux du jour au lendemain. Après une année de bouteille, un peu plus ou un peu moins, on remarque un dépôt au fond des bouteilles. Il s'agit donc de l'enlever, ou, comme disent les Champenois, de faire *dégorger* le vin.

Pour cela, on saisit les bouteilles avec ménagements et on les place, sans secousses, et en biaisant, le goulot en bas sur une planche à bouteilles. Plusieurs fois par jour, on les tourne un peu de côté, en sorte que le dépôt descend lentement, glisse sur le verre et arrive au bouchon. Lorsqu'il y est fixé, un ouvrier habile fait sauter ce bouchon d'un coup de crochet, toujours en tenant la bouteille renversée, et il en jaillit de la mousse et du vin qui emportent le dépôt du goulot. Puis sans perdre de temps, il remet la bouteille entamée à un second ouvrier qui remplit et rebouche lestement.

On peut lier ensuite avec le fil de fer, recouvrir de la feuille métallique et les remettre en tas. Sept ou huit mois plus tard, le vin mousseux sera prêt à boire.

On fabrique des vins mousseux dans plusieurs départements de la France, dans la Côte-d'Or, l'Yonne, l'Ardèche, l'Aude, le Jura, mais nulle part on ne retrouve les qualités de l'aï. Les mousseux du Midi sont trop sucrés, les mousseux du Jura sont trop verts, ceux de la Bourgogne sont trop capiteux.

Cependant ces derniers sont très-souvent vendus pour du champagne et fort estimés.

Un mot maintenant sur les vins gelés. Il est assez rare de rencontrer des propriétaires qui en fassent; le commerce seul, et rarement encore, se livre à cette préparation, afin d'améliorer ses vins de grands crus par le moyen des mélanges. En 1857, M. Demasis, de Statte, a fait geler une quarantaine de pièces. Pendant les deux premières années, le vin était excellent, mais il a fini par s'absinther, c'est-à-dire par passer à l'amer. A notre connaissance encore, un vigneron des environs de Liége a fait du vin gelé; mais il n'a pas persévéré dans cette fabrication, parce qu'on ne le lui achetait que douze francs par pièce de plus que le vin ordinaire. La congélation des vins est une besogne facile; voici en quoi elle consiste, d'après M. Alfred de Vergnette-Lamotte. Lorsque le ciel est clair et sans nuage, la terre toute blanche de neige, le vent à la bise et le thermomètre centigrade au moins descendu à 6°, le temps est favorable pour la gelée des vins. Les vignerons et les tonneliers, qui ne vont pas chercher midi à quatorze heures, disent qu'il fait assez froid pour cela, quand leurs mains collent aux ferrures exposées à l'air.

Lorsque les choses en sont là, on sort les tonneaux des caves, et on les roule sur un terrain bien exposé en plein nord et que rien n'abrite. Cependant, si, sur ce terrain, il se trouvait d'aventure une petite haie ou un petit mur, on placerait les futailles contre cette haie ou contre ce mur, sur une seule ligne, un peu distancées les unes des autres. Plus les futailles seront petites, mieux le froid les saisira. Ainsi, du vin dans un quarteau gèlera plus vite que dans une feuillette, et dans une feuillette plus vite que dans un tonneau.

Lors donc que l'on n'est pas sûr de la durée du froid,

il ne faut exposer que de petites futailles. L'on aura soin en même temps de ne pas remplir tout à fait et de laisser les bondes ouvertes.

Les vins exposés au froid se troublent d'abord et forment un dépôt ; puis, quand la température est à 6°, la glace se forme contre les douves ; à 9°, elle s'étend dans le liquide, et si cette température basse se soutient pendant cinq ou six nuits, c'est une affaire terminée ; à 15°, il ne faut qu'une ou deux nuits.

Une fois la glace formée, on soutire sans secousses et on amène le vin soutiré, non pas dans des caves tièdes, mais dans des celliers aérés et froids. On le laisse s'éclaircir là pendant un mois au moins, sans coller ni soufrer. Après cela, on soutire de nouveau et l'on descend le vin dans les caves.

Le vin obtenu par cette opération est très-riche en alcool ; il est dépouillé d'une bonne partie de ses sels et des matières sujettes à fermenter, c'est-à-dire à pourrir. Il dépose à peine et devrait se conserver une éternité. Aussi, nous croyons que M. Demasis avait oublié en opérant quelqu'une des précautions de rigueur ; autrement son vin ne se fût pas absinthé. Le vin gelé a une saveur nette, un petit goût de raisin cuit, mais point de bouquet. Il vaut mieux, à mon avis, faire des vins gelés que des vins sucrés. — On ne fait geler que des vins de bonne qualité, des vins de la Tschiff d'or, de la bonne vallée ou de Javaz.

Terminons ce chapitre par un mot sur le *vin de paille*. On l'appelle ainsi, en Franche-Comté, à cause de sa couleur. On prend des raisins choisis, et des meilleurs crus. On les étend avec précaution sur des claies, au grenier, comme vous faites quelquefois pour vos raisins de conserve. Là, ils achèvent de mûrir, leur acidité naturelle s'en va, il se forme du sucre ; les raisins se rident et deviennent meilleurs à la bouche. C'est alors qu'on les presse et que l'on obtient un vin légèrement liquoreux, que d'aucuns vantent beaucoup et que, pour notre compte, nous prisons médiocrement.

M. Demasis a fait, à Statte, quelques bouteilles de ce vin liquoreux; mais au lieu d'employer, à cet effet, des raisins blancs, il a employé des raisins rouges. On l'a trouvé délicieux.

CHAPITRE XI.

INDUSTRIES QUI SE RATTACHENT A LA CULTURE DE LA VIGNE ET A LA FABRICATION DES VINS.

Le nombre des industries qui se rattachent de près ou de loin à la culture de la vigne est considérable. Sans le vin, nous n'aurions ni tonneliers ni vinaigriers; sans le marc, pas de brandeviniers; sans la lie, pas de fabricants de cendres gravelées, si riches en potasse. Mais comme ce ne sont ni les tonneliers, ni les vinaigriers, ni les brandeviniers, ni les brûleurs de lie qui cultivent la vigne, je n'ai pas à m'occuper ici de leurs industries. On ne plante pas des ceps uniquement pour avoir des tonneaux, du vinaigre, de l'eau-de-vie de marc et des cendres gravelées. Le jeu ne vaudrait pas la chandelle. Toutefois, qu'il me soit permis de faire remarquer en passant aux vignerons belges qu'ils ne font pas assez de cas du marc et des lies. Au lieu de les donner aux vaches qui en sont très-friandes, je le sais, on ferait mieux de fabriquer de la bonne eau-de-vie de pays avec les marcs, et du bon vinaigre avec les lies.

Maintenant, disons quelques mots de la production des raisins de table. C'est une belle et bonne industrie, avec laquelle on doit compter. Aux environs des grandes villes, il y a profit à faire le commerce des raisins. Les vignerons de Vivegnies, par exemple, gagnent plus à vendre leur gros noir aux habitants de Liége qu'à le mettre en cuve ; et ils gagneraient plus encore si, au lieu de n'avoir à vendre que des raisins du coteau, ils avaient à livrer à la consommation bourgeoise et riche de beaux raisins de treille, du Saint-Laurent, du Chasselas hâtif, du Frankenthal, du Muscat noir, etc. Mais notez que pour mener à bien des treilles, il ne faut s'occuper que de cela, et passer sa vie à les soigner, comme l'on soigne des enfants que l'on aime bien.

Je vous ai déjà entretenus de la taille des treilles ; je n'y reviendrai pas, mais il est bon que vous sachiez autre chose que la taille.

Pour bien réussir dans la culture des treilles, il faut débuter par bien les planter et ne pas trop se presser de garnir le treillage. Tout vient à point à qui sait attendre.

On commence par creuser un fossé de 27 à 50 centimètres de profondeur, sur 45 centimètres de largeur, parallèlement au mur, et à 1 mètre 55 centimètres en avant de ce mur. Dans le fossé en question, vous ramenez de la bonne terre meuble et y couchez des crossettes à 55 ou 60 centimètres l'une de l'autre. Vous remplissez à moitié la tranchée avec de la terre neuve et du fumier frais, puis vous taillez à deux yeux.

Les crossettes prennent racine, les bourres se développent, et il pousse deux bourgeons qui s'aoûtent

8

et deviennent sarments. L'année d'après, vous supprimez un de ces sarments et taillez sur l'autre à deux ou trois yeux. La troisième année, si les plants paraissent bien vigoureux et bien enracinés, vous réservez sur chaque cep un sarment dans toute sa longueur et retranchez les autres.

Il s'agit maintenant de pratiquer le couchage, c'est-à-dire d'amener les jeunes treilles contre le mur. Vous défoncez donc, à la bêche et du mieux que vous pouvez, la plate-bande qui se trouve entre le fossé et le mur. Une fois le défoncement achevé, vous ouvrez une rigole en face du cep, une rigole de 55 centimètres de profondeur environ. Vous y couchez la jeune souche de tout son long, la recouvrez de terre, redressez l'extrémité du sarment contre le mur et taillez à deux yeux. Les bourres enterrées prennent racine et vous avez de la sorte un plant vigoureusement attaché au sol, et dont les racines ont de l'espace pour se mouvoir.

C'est ainsi que s'y prennent les cultivateurs de Thomery. Ils ne laissent ensuite porter qu'un seul cordon à droite et à gauche par chaque tige. S'ils veulent obtenir trois ou quatre cordons, ils plantent trois ou quatre ceps. Mais ici, la végétation est si vigoureuse qu'il n'y a pas d'inconvénient à charger le même cep de plusieurs rangées de cordons superposés. L'étendue de chaque bras du cordon ne doit point dépasser deux mètres.

Ne cultivez ni plantes, ni arbres dans les plates-bandes réservées aux treilles.

Notez aussi que les murs à treilles doivent être chaperonnés, c'est-à-dire recouverts en tuiles, en paille ou en planches qui surplombent de 25 à 50 centimètres. Ces chaperons sont fort utiles en ce sens qu'ils protégent la vigne, et contre les pluies et contre les gelées printanières. Ils ont, en outre, le mérite de ralentir, de modérer la séve qui tend toujours à prendre une direction verticale.

Lorsque les feuilles sont suffisamment développées, on retranche les bourgeons faibles ou inutiles, en laissant un petit talon, un petit onglet, garni d'une feuille. On retranche aussi, au fur et à mesure qu'ils poussent, les ailerons qui partent de l'aisselle des feuilles.

Dès que les bourgeons ont donné deux ou trois vrilles, on enlève ces vrilles avec les ongles, à 5 millimètres de l'écorce. Elles dévoreraient trop de séve et nuiraient au palissage.

Pour entretenir l'action de la séve sur toute l'étendue des cordons, il faut la ralentir à propos dans le développement des jeunes bourgeons. Quand la séve court trop vite sur un point, on pince et elle est forcée de reculer. On pince habituellement les forts bourgeons d'une treille, lorsqu'ils ont une longueur de 50 centimètres, sur le huitième ou le neuvième œil. C'est le seul moyen de les arrêter, de les empêcher d'aller au-dessus du cordon supérieur. Quant aux petits bourgeons, on les pince à différentes hauteurs et seulement pour leur donner de la force et préparer de bonnes bourres de remplacement. Les bourgeons des extrémités des cordons doivent être pincés les premiers et quelquefois à plusieurs reprises.

Aussitôt que les rameaux de la vigne sont assez longs pour craindre le souffle du vent, on palisse, c'est-à-dire qu'on les attache avec soin contre les lattes, sans les gêner ni les croiser. C'est un palissage de simple précaution. Plus tard, lorsque les rameaux ont de la force, on les palisse de nouveau et définitivement dans la direction qu'ils doivent occuper. Chaque bourgeon vertical d'une vigne en cordon doit recevoir deux attaches, la première sur la latte qui le sépare du cordon supérieur, la seconde sur la latte même qui porte ce cordon supérieur.

Après que le premier palissage est fait, le palissage à attaches volantes, comme l'on dit, et alors seulement que les grains du raisin ont à peu près la grosseur d'un pois, on dégarnit, si la treille est trop chargée de grappes, et l'on commence par les grappes qui occupent le dessus des bourgeons et celles qui sont suspendues à des bourgeons très-faibles. Les grappes restantes deviennent plus belles et mûrissent mieux.

Il y a encore un moyen de faciliter la maturation du raisin sur les treilles comme sur les ceps des vignobles, c'est, lorsque le raisin est tout à fait formé, d'inciser en forme de bague le sarment qui porte ce raisin et à quelques centimètres au-dessus de la grappe. C'est ce qu'on appelle *faire mûrir* le bois.

Lorsque le raisin est aux trois quarts mûr, on pratique l'effeuillage, mais avec des soins extrèmes, ainsi que nous l'avons déjà dit, et de manière à ne pas découvrir brusquement les grappes.

Si vous tenez à conserver le raisin mûr aux treilles, vous vous y prenez de la sorte : avant que la maturité soit complète, vous nettoyez les grappes, ne laissez aucun grain gâté et les enfermez par un temps sec dans des sacs en papier ou en crin. Vous pouvez encore les abriter jusqu'au mois de décembre avec **des** paillassons, des draps ou des couvertures tendues.

Voulez-vous conserver des raisins dans un fruitier? N'attendez pas, pour les cueillir, qu'ils soient tout à fait mûrs et ne les cueillez que par un beau temps. Après cela, suspendez les grappes, en les renversant, la queue en bas, au moyen de crins ou de fils de fer courbés en S.

Il y aurait une expérience à faire pour la conservation des raisins. Elle serait facile, prendrait peu de temps et ne coûterait rien. Lorsqu'on veut conserver des fleurs fraîchement cueillies, on charbonne la tige, on la brûle à la partie coupée. On ne viendrait pas à bout de peindre un pavot, un coquelicot d'après nature, sans cette précaution. Pourquoi donc ce qui réussit sur les fleurs ne réussirait-il point sur les fruits ? Pourquoi ne brûlerait-on pas la queue des raisins à conserver avec un fer rouge ? C'est la seule précaution, aisée à prendre, pour que l'air ne pénètre point par la coupure, et vous savez que c'est l'air qui amène la fermentation, autrement dit la pourriture.

Voulez-vous maintenant que je vous enseigne la manière d'emballer des raisins mûrs pour les expédier sûrement au marché ou ailleurs ? Mettez au pourtour du panier d'emballage du foin bien doux, des poignées de regain ; au fond du panier, mettez des feuilles vertes, fraîches sans être humides, de la fougère, par exemple, puis une couche de raisins, puis des feuilles, puis des raisins, et enfin une épaisse couche de feuilles sur le tout ; liez avec précaution, non pour serrer, mais pour maintenir, et après cela, expédiez.

La tâche que je me suis imposée est finie ; reste à savoir maintenant si le but que je me suis proposé est atteint. J'aurais pu, avec ce sujet, faire un gros volume, une sorte de manuel, dans lequel, à l'aide de vignettes, j'aurais décrit minutieusement et les cépages connus et tous les instruments à l'usage du vigneron ; mais j'ai pensé qu'avec un manuel on ne viendrait jamais à bout de faire un cultivateur. J'ai donc écrit ce petit livre pour des hommes sachant déjà manier une houe, une kass, une havresse, sachant tenir une serpette, distinguer une bourre, connaissant la forme d'un pressoir et un peu la fabrication et l'entretien des vins. Pour ceux-là, ce petit livre sera

complet, je l'espère. Toutes les pratiques mauvaises y sont signalées, toutes les améliorations possibles y sont indiquées. Si je réussis à faire abandonner les unes et à faire accepter les autres, je m'estimerai fort heureux. J'ai voulu être utile et j'ai cru que, pour être utile, il fallait tout d'abord se mettre à la portée des lecteurs auxquels on s'adresse. Je me suis souvenu de ces paroles du chimiste Malaguti : « Je n'hé-
« site pas un instant à admettre que le peu d'in-
« fluence que les livres ont exercé jusqu'à présent
« sur l'agriculture est dû à ce qu'ils sont trop scien-
« tifiques. Dédaignant un langage modeste, aspirant
« à de hauts suffrages, ces livres se sont rendus inin-
« telligibles pour ceux qui ont le plus d'intérêt à les
« comprendre. »

C'est aussi mon avis, et voilà pourquoi, m'adressant à des vignerons qui n'ont pas le temps de lire de gros livres, j'ai essayé de dire simplement beaucoup de choses dans un petit nombre de pages.

FIN.

TABLE DES MATIÈRES.

	Pages.
De la vigne en belgique.	1
Chapitre premier. — Sols et sous-sols.	13
Chapitre II. — Semis et plantation de la vigne.	17
Chapitre III. — Cépages.	23
Chapitre IV. — Engrais de la vigne.	31
Chapitre V. — Labourage et échalassement.	40
Chapitre VI. — Rajeunissement de la vigne par le provignage et la greffe.	45
Chapitre VII. — Taille de la vigne et entretien des ceps.	49
Chapitre VIII. — Récolte des raisins et fabrication du vin.	61
Chapitre IX. — Entretien des vins.	74
Chapitre X. — Les vins de fantaisie.	77
Chapitre XI. — Industries qui se rattachent à la culture de la vigne et à la fabrication des vins.	84

BIBLIOTHÈQUE RURALE,

INSTITUÉE PAR ARRÊTÉ ROYAL DU 15 SEPTEMBRE 1848.

Ouvrages publiés en français et en flamand.

ANNUAIRE AGRICOLE. Un vol. avec tableau statistique.	Prix : 1 fr. 25 cent.
MANUEL DE CULTURE. Un vol. avec planches grav.	80 »
EMPLOI DE LA CHAUX EN AGRICULTURE. Un vol.	20 »
MANUEL DE COMPTABILITÉ AGRICOLE. Un vol.	40 »
MANUEL D'ARBORICULTURE, 2 vol. avec 205 pl. grav.	1 fr. 55 »
MANUEL DE DRAINAGE. Un vol. avec 88 pl. gravées.	1 fr. 10 »
MANUEL DE CHIMIE AGRICOLE. Un vol. avec pl. gravées.	1 fr. 25 »
MANUEL D'IRRIGATION. Un vol. avec 100 pl. gravées.	60 »
CHOIX DES VACHES LAITIÈRES. Un vol. avec planches.	40 »
MANUEL DU MARÉCHAL FERRANT. Un vol. avec pl. grav.	30 »
MANUEL D'HYGIÈNE. Un vol. avec planches grav.	75 »
MANUEL FORESTIER. Un vol. avec planches grav.	30 »
TRAITÉ DES ENGRAIS ET AMENDEMENTS. Un vol. avec pl. grav.	55 »
TRAITÉ DES INSTRUMENTS D'AGRICULTURE. Un v. avec pl. gr.	90 »
DE LA CULTURE DES PLANTES OLÉAGINEUSES. Un vol. avec pl.	35 »
MANUEL DE MÉDECINE VÉTÉRINAIRE. Un v. avec pl. (1re partie).	55 »
L'AGRICULTURE A L'EXPOSITION DE LONDRES. Un vol.	55 »
LES VIGNES ET LES VINS. Un vol.	30 »

Sous presse :

MANUEL DE CULTURE MARAICHÈRE. Un vol.

En vente chez le même éditeur :

COURS D'ÉCONOMIE RURALE. 2 vol. gr. in-18, avec planches.	4 fr.

BIBLIOTHÈQUE INDUSTRIELLE,

INSTITUÉE PAR ARRÊTÉ ROYAL DU 28 OCTOBRE 1848.

Ouvrages publiés en français et en flamand.

ALMANACH INDUSTRIEL. Un vol. avec pl. grav.	Prix : 50 cent.
GÉOMÉTRIE PRATIQUE. Un vol. avec pl. grav.	50 »
PRINCIPES DE PHYSIQUE. Un vol. avec pl. grav.	70 »
TRAITÉ DE CONSTRUCTION. Un vol. avec pl. grav.	25 »
MANUEL DU TISSERAND. Un vol. avec pl. grav.	25 »
DE LA CONNAISSANCE DES MÉTAUX. Un vol. avec pl. grav.	50 »
MANUEL DE CHIMIE APPLIQUÉE. Un vol. avec pl. grav.	45 »
DE LA CHARPENTE. Un vol. avec pl. grav.	45 »

Chaque volume, joliment relié, coûte un supplément de 50 centimes

www.ingramcontent.com/pod-product-compliance
Ingram Content Group UK Ltd.
Pitfield, Milton Keynes, MK11 3LW, UK
UKHW031835170726
13836UKWH00004B/1702